日常会話で使いたい

数学用語事典

THE ENCYCLOPEDIA OF MATHEMATICAL TERMS

上原博明
Hiroaki Uehara

彩図社

「現代数学とは未来の言語である」

（ヴァン・フット／ベルギーの数学者）

はじめに

◆数学用語を日常会話に取り入れたい！

この事典は、難解な数学用語をわかりやすく解説し、日常会話の様々なシーンで使えるように紹介していくことを目的としています。本書で皆さんにお伝えしたいこと、それは数学が「日常会話にはない便利な表現の宝庫」だということです。

数学を学んでいると、日常言語では明確に表現できなかったものが、端的かつ適切に言い表せる概念・用語に満ちていることに気づかされます。数学は抽象的思考に大変特化した学問であり、その中には日常なんとなくあいまいな表現をして済ませてしまうものにも、明確に定義された便利な概念が用意されています。

大学時代に物理学科に進学し、現代数学に親しんできた私自身、同級生と専門用語を使った冗談を言い合ったりして楽しんできましたが、こんな便利な用語たちを数学という象牙の塔に閉じ込めておくのはもったいないという気持ちがこの本を生み出す原動力になりました。

◆数学用語を日常会話に取り入れることで、抽象的思考能力が高まる

日常会話に数学用語を取り入れると、どんないいことがあるのでしょうか？　私は、数学用語や科学用語を日常的に使うことで、抽象的な科学的思考に日頃から馴染むことができるようになり、抽象的な推論能力が向上する可能性があると考えています。

私たちは昔に比べて、もともとは数学の専門用語だったものを日常会話に知らず知らずのうちに取り入れて話すようになりました。例えば、比重、比例、相関関係、対照群、トレードオフ、費用対効果といった用語です。このような科学的推論に役立つ抽象的な概念は、20世紀に入って学校やメディアから日常の思考にじわじわと浸透していきました。

なぜなら、20世紀の間に人々の産業活動が農業、林業、水産業などの第1次産業から情報通信業、金融業、サービス業などの非物質的な第3次産業へと徐々に比重を移していったことにより、作物や物質の代わりに数学的な概念や抽象的な概念をより頻繁に扱うようになったからです。

これに伴って、人々の抽象的思考能力が着実に高まっていったことを示す調査結果があります。心理学者のジェームズ・フリンが行った調査によって、１９４７年から２００２年までの知能指数（ＩＱ）検査で時代が下るにつれて人々のＩＱが徐々に高まっており、知能の検査項目の中でも最も増分が大きい検査項目は「抽象的な推論を引き出す項目」であることがわかったのです。

例えば類似性を問うような問題（犬とウサギの共通点は何ですか）や類推させる問題（鳥に対して卵が対応するならば、木には何が対応するでしょう）、あるいは、いくつかの幾何学《きかがく》的模様から規則性を見出すような問題の成績が特に上昇しているというのです。

フリンはこの能力の上昇を引き起こした要因がハイテク化にあると推測しています。数学的な概念や抽象的な概念を使う機会が増えた近代的環境のなかで、このような抽象的な推論を引き出す能力が特に磨かれてきた可能性があるというのです。

数学用語の普及と抽象的推論能力の向上との間に因果関係があると考えるのは早計ですが、本書によって、まだ十分に世の中に浸透していない「抽象的な推論に役立つ数学用語」を数多く紹介し、日常会話に浸透させることで、このような流れを加速させることができるかもしれません。

◆専門用語や新たな概念を日常会話に取り入れることで、思考の幅が拡がる

数学用語に限らず、哲学用語や「外来語であるカタカナ語」を日常会話に取り入れることで思考の幅を拡げることができます。

なぜなら、今まで使ったことのない用語や概念を取り入れることで、私たちは「今まで考えることすらなかったこと」について考えることができるようになるからです。逆に、ある言語に存在を指し示す言葉

がなければ、それはその言語の話し手の思考や世界観の一部にはならず、思考対象になることはありません。

例えば、外来語と接したときにその中に含まれる「特有の概念を表す同義語」が母国語にないときには、対応する単語をつくり出します。具体的には、無意識、著作権、株式会社、電磁波、原罪、印象派などの概念です。外国語の語彙を取り込むことで、「その概念を産んだ人々の思想」を一部取り込み、今まで考えもしなかったことについて思考を巡らすことができるようになります。

それによって私たちの世界に対する認識は深みを増し、多角的になります。このようにその人が使用する言語がその人の認識・思考に影響を及ぼすという考え方のことを「サピア＝ウォーフの仮説」といいます。

明治初期に、福沢諭吉や加藤弘之《ひろゆき》、西周《にしあまね》のような日本の学者が英語やフランス語、ドイツ語で書かれた文献を翻訳する過程で、このような外来語に対応する日本語を考案する作業に取り組んでいました。その過程で現在、私たちが使用している社会科学、自然科学関連の術語が作られたのです。このおかげで日本人は速やかに西洋の価値観を取り入れることができ、文明開化による急速な近代化に成功することができました。

それに対して、清末の中国人はこういうことをしませんでした。なぜなら「今まで中国語になかった術語や概念を自分たちの言語体系に追加しなければならない」ということは「自分たちの世界認識には、欠けていた概念が存在することを認める」ことになるからです。このような考え方の違いによって東アジアの近代化にむらが生じたと考える学者もいます。

◆わかりやすい数学用語事典がまだ見当たらない

数学や哲学の専門用語（テクニカルターム）をわかりやすく解説した本があれば、これらの専門用語を日常会話に浸透させる橋渡しになります。嬉しいことに最近では、哲学用語事典やカタカナ語事典が出版され、売れ行きを伸ばしています。また、統計学に限って言えば、わかりやすい事典がいくつか出版されてきています。しかし、日常会話で使えるような数学用語をわかりやすく解説した本は残念ながら見当たりません。そこで「なければ自分で書くしかない」と本書の執筆を思い立ちました。

執筆・編纂にあたっては、日常会話に馴染みやすいように「厳密さや精度」よりも「大づかみに数学用語を理解できること」を重視しています。また、どのような場面で使えるのかがわかるように、それぞれの数学用語に使用例を載せています。さらに、数学用語だけにとどまらず、単位・尺度に関する便利な用語にも裾野を拡げて紹介していきます。

それでは早速、数学の森を探索しに行きましょう。

はじめに・3

第1章 グラフ・代数に関する用語

- 狭義《きょうぎ》の増加《ぞうか》・減少《げんしょう》……16
- カテナリー曲線《きょくせん》……18
- 依存領域《いぞんりょういき》……20
- 指数関数的《しすうかんすうてき》／線形的《せんけいてき》／対数関数的《たいすうかんすうてき》……22
- コンター図《ず》……26
- 可換《かかん》・非可換《ひかかん》……28
- 最大公約数的《さいだいこうやくすうてき》……32
- 上位換算《じょういかんさん》・下位換算《かいかんさん》……34
- 内挿《ないそう》・外挿《がいそう》……36
- べき乗則《じょうそく》……38
- 算術平均《さんじゅつへいきん》（相加平均《そうかへいきん》）／幾何平均《きかへいきん》（相乗平均《そうじょうへいきん》）／調和平均《ちょうわへいきん》……42
- 短除《たんじょ》・長除《ちょうじょ》……46
- アルゴリズム……48

コラム#1 違和感のある数学用語たち……50

第2章 論理・集合に関する用語

・逆《ぎゃく》・裏《うら》・対偶《たいぐう》……52
・必要条件《ひつようじょうけん》・十分条件《じゅうぶんじょうけん》……56
・入《い》れ子集合族《こしゅうごうぞく》……58
・推移的《すいいてき》・不推移的《ふすいいてき》・非推移的《ひすいいてき》……60
・全順序集合《ぜんじゅんじょしゅうごう》……62
・対称差《たいしょうさ》……64
・互《たが》いに素《そ》……66
・互《たが》いに排反《はいはん》……68
・全単射《ぜんたんしゃ》・全射《ぜんしゃ》・単射《たんしゃ》……70
・対称関係《たいしょうかんけい》・不対称関係《ふたいしょうかんけい》・非対称関係《ひたいしょうかんけい》……74
・背理法《はいりほう》……76
・帰納的《きのうてき》／演繹的《えんえきてき》……78
・トートロジー（同語反復《どうごはんぷく》）……82
・循環論法《じゅんかんろんぽう》……84
・ファジィ概念《がいねん》・クリスプ概念《がいねん》……86
コラム#2 人文科学における数学・科学用語の濫用……88

第3章

幾何学に関する用語

・直角柱《ちょっかくちゅう》・斜角柱《しゃかくちゅう》・ねじれ角柱《かくちゅう》・擬角柱《ぎかくちゅう》……90

・角錐《かくすい》・斜角錐《しゃかくすい》・角錐台《かくすいだい》・双角錐《そうかくすい》……94

・円錐《えんすい》・斜円錐《しゃえんすい》・円錐台《えんすいだい》・双円錐《そうえんすい》……98

・一葉双曲面《いちようそうきょくめん》……100

・球状楔《きゅうじょうくさび》・球面弓形《きゅうめんきゅうけい》・球状円錐《きゅうじょうえんすい》・球面角錐《きゅうめんかくすい》……102

・視角《しかく》・角距離《かくきょり》……106

・立体角《りったいかく》・ステラジアン・平方度《へいほうど》……108

・共役弧《きょうやくこ》……112

・曲率半径《きょくりつはんけい》・R（アール）……114

・局所的《きょくしょてき》・大域的《たいいきてき》……116

・フラクタル……118

・チューリング・パターン……120

コラム#3
数学的形状をモチーフにしたアート……122

第4章 確率・統計学に関する用語

・蓋然性《がいぜんせい》……124
・経験的確率《けいけんてきかくりつ》・理論的確率《りろんてきかくりつ》……126
・母集団《ぼしゅうだん》・標本《ひょうほん》……130
・偶然誤差《ぐうぜんごさ》・系統誤差《けいとうごさ》……132
・大数《たいすう》の法則《ほうそく》……134
・複合事象《ふくごうじしょう》・根元事象《こんげんじしょう》……136
・暗数《あんすう》……138
・有意《ゆうい》……140
・実験計画法《じっけんけいかくほう》……142
・GIGO（ガイゴー、ギゴ、ギーゴ）……146
・正規分布《せいきぶんぷ》（ガウス分布《ぶんぷ》）……148
・ガンマ分布《ぶんぷ》……150
・移動平均法《いどうへいきんほう》……152
・トリム平均《へいきん》（調整平均《ちょうせいへいきん》）……156
・中央値《ちゅうおうち》・最頻値《さいひんち》……158
・分散《ぶんさん》・標準偏差《ひょうじゅんへんさ》・変動係数《へんどうけいすう》……162
・相関《そうかん》……166
・交絡《こうらく》……170
・因子分析《いんしぶんせき》……174
・データマイニング……178
・マルコフ過程《かてい》……182
・ロングテール……184
コラム#4 これからは統計の時代……188

第5章 ゲームに関する用語

・完全情報《かんぜんじょうほう》ゲーム・不完全情報《ふかんぜんじょうほう》ゲーム……190
・確定《かくてい》ゲーム・不確定《ふかくてい》ゲーム……194
・同時進行《どうじしんこう》ゲーム・交互進行《こうごしんこう》ゲーム……198
・着手対称《ちゃくしゅたいしょう》ゲーム・着手非対称《ちゃくしゅひたいしょう》ゲーム……200
・定和《ていわ》ゲーム（ゼロサムゲーム）・非定和《ひていわ》ゲーム（ノンゼロサムゲーム）……202
・非協力《ひきょうりょく》ゲーム・協力《きょうりょく》ゲーム……206
・有限《ゆうげん》ゲーム・無限《むげん》ゲーム……208
・収束《しゅうそく》ゲーム・非収束《ひしゅうそく》ゲーム……210
コラム#5 数学ができる人ってどんな人？……214

第6章 単位・尺度に関する用語

・グーゴル……216
・ネピッチ……220
・ルーメン・ルクス……222
・デシベル……226
・アラバスター……230
・パスカル秒《びょう》・ポアズ……232
・風力階級《ふうりょくかいきゅう》……234
・エーカー・ヘクタール……238
・メッツ……242
・国際苦味単位《こくさいにがみたんい》（IBU）……246

おわりに・250
主要参考文献・252
索引・254

第1章

グラフ・代数

に関する用語

狭義《きょうぎ》の増加《ぞうか》・減少《げんしょう》

意味

常に増加（減少）を続け停滞しない

・我が社の株価は新社長の就任以来、**減少**を続けている。それも**狭義の**だ。

・練習を重ねる毎に上手くなっていったが、それは**狭義の増加**ではなく、いくつものプラトーがあった。

解説

図Xに増加する二つのグラフがあります。実線は常に上昇を続けているのに対して、破線は時折増加が止まっています。どちらも増加し続けるグラフですが、実線のように**停滞することなく常に上昇を続けること**を数学では「**狭義の増加**」と呼びます。この「**狭義の**」という言葉をつけることで、増加が停滞することがないことを端的に表現することができるのです。

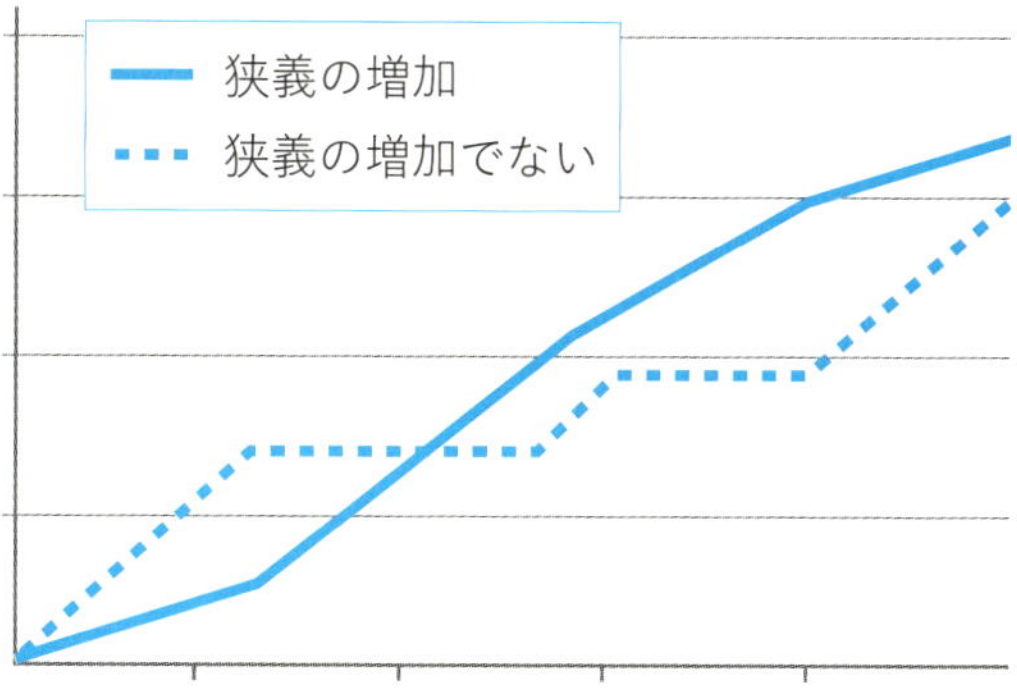

図X. 狭義の増加

ただ、日常生活ではむしろ増加が止まる期間がある方が普通です。スポーツの練習量と実力の関係について考えてみましょう。始めたばかりのときには「練習した分だけ上達する期間」が続きますが、ほとんどの人はあるときを境に「いくら練習を重ねても目に見えて上達しなくなる期間」にぶち当たります。このように実力の伸びが**グラフ上で平らになる停滞期のこと**を、その形から**プラトー（高原）**といいます。その後、めげずに練習を続けたり、第三者のアドバイス、自分の悪癖への気づきなどがあることでプラトーから上手く抜けられると再び成長が感じられるようになります。このような伸び悩む期間すらなかったということを表現する際に「狭義の」という用語は便利です。

カテナリー曲線《きょくせん》

意味

2点を固定してぶら下げたときにできる曲線

・家具のデザインにカテナリー曲線を取り入れてみてはどうだろう。
・あの神社の屋根の形状ってカテナリーじゃない？

解説

ロープやネックレスなどの**両端を持って垂らしたときにできる曲線のこと**を**カテナリー曲線**もしくは**懸垂曲線**といいます。

この曲線は**電線のたわみ**、**ネックレス**、**吊り橋**、**シャンデリアなど**日常生活の様々な場面で目にする機会があります。それだけでなく、この曲線は建築のデザインにもよく応用されています。例えば、スペインの建築家アントニ・ガウディは「美しい形は構造的に安定している。構造は自然から学ばなければならない」と考え、自然界に満ちあふれているカテナリー曲線を自らの建築に取り入れています。具体的には、「フニクラ」と呼ばれる紐に重りをつり下げてできる逆さ吊り模型をモデルにすることで、作品の設計を行い、この模型の紐が描くカテナリー曲線を上下に反転させることで垂直荷重に対して丈夫で安定した形状が得られると考えたのです。このような設計思想は、バルセロナにある世界遺産「サグラダ・ファミリア」にも生かされています。

図X.カテナリー曲線のモデル
（サグラダ・ファミリア地下博物館に展示されるガウディ設計の逆さ吊り模型/©Canaan）

依存領域《いぞんりょういき》

意味

事象に影響を与える範囲

・子どものオキシトシン受容体発達の**依存領域**を考えると、生後2歳までにたくさんだっこしてあげることが重要だ。

・昔の人はほとんど旅行に行かなかったから、もっぱら自分の集落周辺だけが**依存領域**だった。

解説

物理学は、波の伝播《でんぱん》や煙の拡散のような自然現象の背後に潜む基本原理を解明し、それを方程式で表現します。その方程式の解の値が全体領域のごく一部の初期値によって決まる場合には、この初期値の領域のことを「依存領域」と呼びます。日常生活で、**ごく一部の空間領域あるいは時間領域から影響を受けて事象の進展が決まる**ことがあるときに、この言葉を使えばその状況を端的に言い表すことができます。

一部の**空間領域**から影響を受けて事象が決まってしまう例としては、首都圏に飛来するスギ花粉があります。2008年の花粉飛散最盛期を対象とした推定によって、首都圏に飛来するスギ花粉の発生源のほとんどは千葉県、埼玉県、東京都西部、神奈川県西部であることが特定されています。この推定結果は風向きなどの気象条件によっても若干変わりますが、これらの依存領域の花粉発生源対策（伐採、植え替えなど）を優先して実施することで、より効果的に首都圏に飛来する花粉を減らす事ができるでしょう。

時間領域の例としては、人の音楽の好みの主な依存領域は11歳から16歳ぐらいであるという研究報告があります。これは米国の研究で、音楽のストリーミング配信サービスSpotifyのデータをもとに人々の聴く音楽を分析した結果、男性の場合は13歳から16歳の間にリリースされた曲が、女性の場合には11歳から14歳のときに聴いた音楽が、大人になってからの音楽の好みに大きな影響を与えることがわかりました。この音楽嗜好の依存領域の議論が日本人にも当てはまるかを検討してみるのも面白そうです。

指《し》数《すう》関《かん》数《すう》的《てき》（幾《き》何《か》級《きゅう》数《すう》的《てき》、等《とう》比《ひ》級《きゅう》数《すう》的《てき》）
線《せん》形《けい》的《てき》（算《さん》術《じゅつ》級《きゅう》数《すう》的《てき》、等《とう》差《さ》級《きゅう》数《すう》的《てき》）
対《たい》数《すう》関《かん》数《すう》的《てき》

意味

増加の仕方を表すときに便利な表現

・人口は**幾何級数的**に増えるが、食糧は**算術級数的**にしか増えない（マルサス）

・製品の質と価格の関係は**対数関数的**だ。

・CPUの性能は、昔は**指数関数的**に向上していたが最近は徐々に**対数関数的**にしか向上しなくなってきた。

解説

◆指数関数的（幾何級数的、等比級数的）

ある量が1ヶ月で2倍、2ヶ月で4倍というようにかけ算で増えていく場合に、私たちはよく「ネズミ算式に増える」といいます。ネズミ算とは、正月にネズミのつがいが子を12匹産み、毎月それぞれの子ネズミがまた子を12匹ずつ産むと仮定した場合に12月には何匹まで増えてしまうかを見積もる問題です。このように、ある数の倍数でどんどん増えていくことを、数学では**指数関数的に増える**といいます。

他にも**幾何級数的**あるいは**等比級数的に増える**という表現も使われます。例えば、「俺に金を貸してくれたら来月2倍にして返してやる」という人は、お金を幾何級数的に増やす能力を持っていることを豪語していることになります。

◆線形的（算術級数的、等差級数的）

かけ算で増えていくのではなく、足し算で増えていくことを数学では**線形的に増える**といいます。この表現以外にも**算術級数的**あるいは**等差級数的に増える**と表現する場合もあります。直感的には、時間が経つにつれて直線的に量が増えていくものをイメージしていただければ良いと思います。

これまでに紹介した二つの増加の仕方を次ページの図Xに示しています。線形的に増加する量（実線）

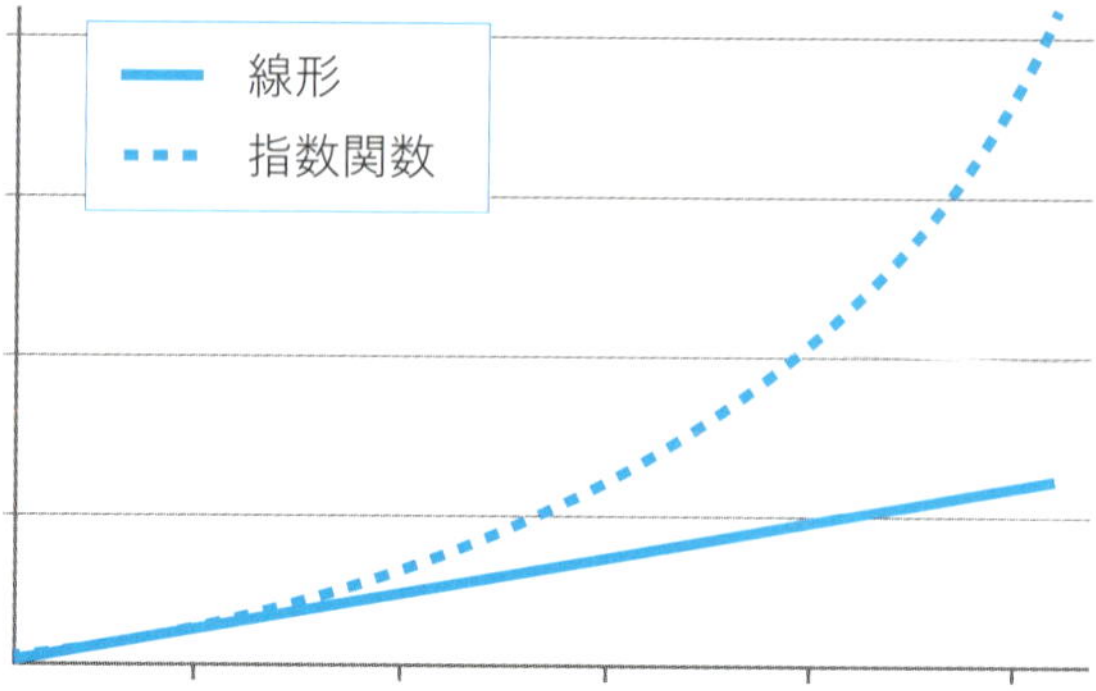

図 X. 指数関数と線形のグラフ

が**直線的に増えていく**のに対して、指数関数的に増加する量（破線）は、**急速に立ち上がっていきます**。この図からも、指数関数的な増加が爆発的なものであることが見て取れます。

この指数関数の急激な増加を題材にした、有名な日本のとんち話があります。豊臣秀吉の家臣、曽呂利《そろり》新左衛門《しんざえもん》が秀吉からほうびをもらえることになったときのことです。秀吉が気前よく「何でも好きなものを言ってよいぞ」と言ったところ、新左衛門は「米粒ひと粒でけっこうです。ただ、明日は2倍のふた粒、その翌日はさらにその2倍の4粒、と100日間だけ同じことを続けてください」と申し出ました。なんだそれっぽっちでいいのか、と秀吉も快諾して毎日米を運ばせたところ、31日後には21トンを超える量になってしまい、秀吉を降参させたそうです。

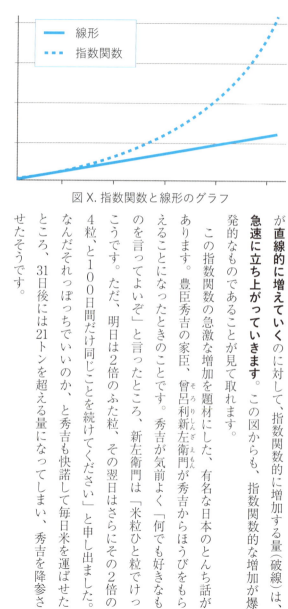

◆対数関数的

増加傾向が徐々に頭打ちになるような場合には、**対数関数的**という表現が使えます。例えば、ダイエッ

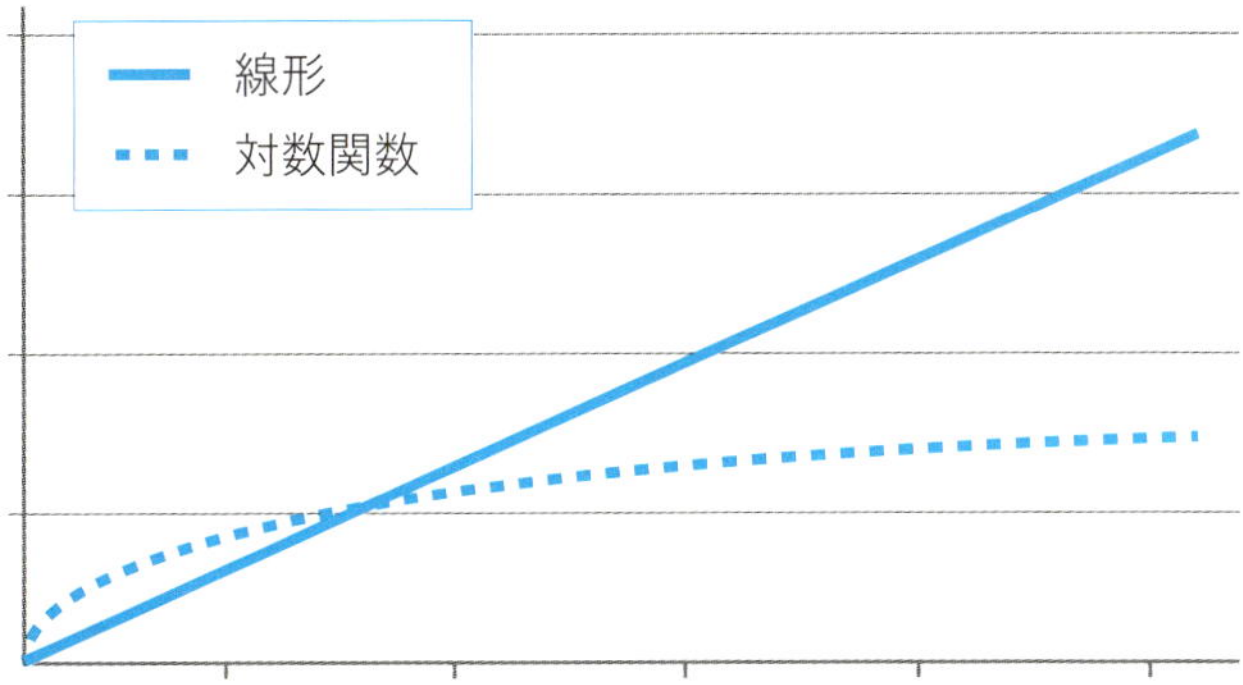

図 Y. 対数関数と線形のグラフ

トやトレーニングに取り組むと、最初のうちは体重などに目に見えた効果が現れますが、そのうち努力しても効果がなかなか現れにくくなります。そのことから、ダイエットによる効果は対数関数的であると表現することができます。他にも、製品の質と値段の関係も対数関数的になっている場合がほとんどです。安価なヘッドホンから中価格帯のヘッドホンに買い換えるとその音質の違いに驚きますが、中価格帯と高価格帯のヘッドホンの音質の差はそれほどでもなく、高価格帯のヘッドホンになると音質と値段が必ずしも一致しなくなります。

対数関数的増加がどのようなものなのかを線形的増加と並べて図Yに示しています。線形的に増加する量（実線）が直線的に増えていくのに対して、対数関数的に増加する量（破線）は、**最初の立ち上がりは早いものの、後の方になるにつれて徐々に頭打ちになっていきます。**

会社の業績にしろ、ユーザーの総数にしろ、成長速度が停滞する状況を言い表すのに、この対数関数的という言葉が役に立つでしょう。

コンター図《ず》

意味

ある量の分布をわかりやすくするための等値線

・市内の平均家賃相場の**コンター図**があると部屋探しのときに便利だ。

・市内の交通事故発生率を5平方キロメートル単位で**コンター図**に整理し、どのエリアで事故が起こりやすいかを炙り出そう。

解説

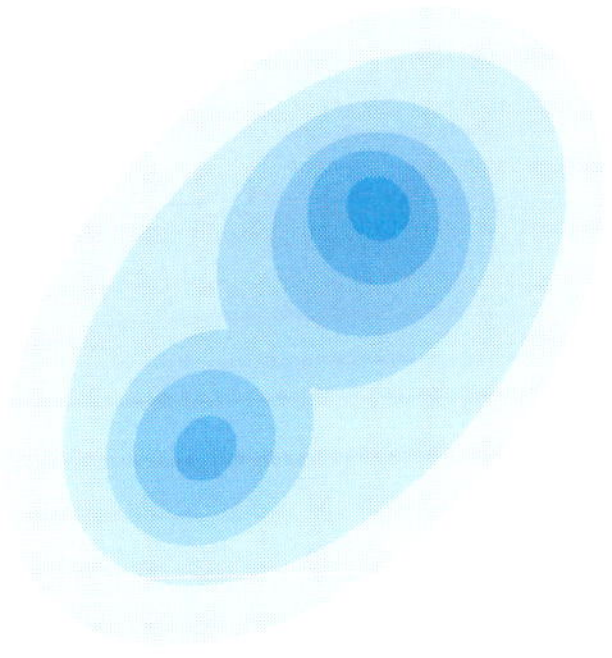

図 X. コンター図

テレビでサーモグラフィーの画面を見たことがあると思います。温度が高いところほど赤くなっていて、温度が低くなるにつれて青くなっている画面のことです。サーモグラフィーは物体から放射される赤外線を分析することにより、熱分布を色で表現しています。このように**ある測定値の分布を色づけしてわかりやすく表示している図**のことを「**コンター図**」といいます。

サーモグラフィーの場合は温度でしたが、それ以外の物理量に対してもコンター図によって分布をわかりやすく描画しているものが日常生活の中には満ちあふれています。例えば、標高、気圧、PM2・5濃度、放射能汚染、犯罪発生率、平均地価、人口密度、人口増加率、今後30年間の間に大地震が起きる確率などです。分布を色づけしたわかりやすい図で資料をつくって欲しいときには「コンター図で整理してほしい」とお願いしてみましょう。

可《か》換《かん》・非《ひ》可《か》換《かん》

意味

順序が違うと結果が変わるか否か

・ミルクティーを作るときに紅茶とミルクは**非可換**だよ。

・これらの教科書の学習順序は**非可換**だから、例えばいきなり『ポストモダン解析学』なんかを読むんじゃないぞ。

解説

世の中には順序が違うと結果も違ってしまうものがたくさんあります。

例えば、熱い紅茶と冷たいミルクを混ぜてミルクティーを作る場合には、どちらを先にカップに入れておくかによって味に違いが出ます。先に熱い紅茶をカップに入れておき、そこに冷たいミルクを注ぐと少量ずつのミルクが熱い紅茶のなかに入ることになります。これによってタンパク質の熱変性が起こりやすくなり、ミルクの風味が損なわれます。逆に、冷たいミルクに熱い紅茶を徐々に注げば、ミルクの温度はゆっくりと上昇するため、この熱変性は起こりにくくなります。

このように、**順序によって結果が変わってしまうこと**を数学では「**非可換**」**である**といい、逆に**順序によって結果が変わらないこと**を「**可換**」**である**といいます。

日常生活の中では他にも例えば、体の健康にとって、料理を食べる順序は非可換であることが知られています。血糖値の急上昇が、動脈硬化や心筋梗塞、脳梗塞のリスクを高めるだけでなく、認知症やガンのリスクも高めるという研究報告が、最近メディアなどで取り上げられるようになり、一般にも知られるようになってきています。この本では、その詳細についての説明は控えますが、この血糖値の上昇速度は、食べるものの順番によって変わることがわかっています。

最も健康に良いとされている食べ方は、食事の際に野菜から先に食べる「ベジファースト」です。食物繊維を多く含む野菜などを最初に食べると、食物繊維が腸の壁をコーティングし、後から腸に糖が入ってきたときに、その吸収を緩慢にする作用があります。

野菜の次に食べるべきなのは、タンパク質や脂質を含む肉や魚などです。胃から腸へ運ばれる際、タンパク質や脂質に反応して「インクレチン」というホルモンが放出されることで、胃腸の動きが遅くなります。その後にご飯やパンなどの炭水化物を含むものを食べれば、消化吸収に時間がかかるため、血糖値の上昇が緩やかになります。

順序によって結果が変わってしまう例として他にも、「ピーク・エンドの法則」というものがあります。この法則は、ノーベル経済学賞を受賞したユダヤ系の行動経済学者ダニエル・カーネマンが1999年に発表したもので、嬉しかったことや辛かったことなどのあらゆる経験の記憶は、ほぼ感情のピーク（最高または最低）とその経験が終わったときの感情で決まるというもので、様々な心理学実験によって裏付けられています。つまり、経験全体の印象は「すべての経験の総和」ではなく、記憶が鮮明に残りやすいピーク時と終了時の影響を受ける傾向が強いということです。

例えば、学生生活では、授業や定期試験、部活などの日常的な経験よりも、一番印象的な出来事と卒業したときの印象が学生時代の思い出として残りやすく、旅行でも同様に「一番良かった（悪かった）こと」と「旅行の最後がどうだったか」ということが、その旅の全体的な印象になるということです。

「終わりよければすべてよし」「去り際が肝心」という言葉を耳にしたことがあると思いますが、このように最後の印象や去り際を良くすることが相手や顧客に好印象を持ってもらううえで重要であると昔から経験的に知られていました。

これらの知見を日常生活で活かしてみようとするなら、例えば、良いニュースと悪いニュースの両方を伝えなければならないときには、良いニュースを後に取っておいた方が後味の良い報告になります。その意味で、良いニュースと悪いニュースを伝える順序は非可換であるといえます。

他にも例えば、友人や恋人にプレゼントを渡したいときには、去り際に渡す方がその日全体の印象が良く記憶されるでしょう。また、正月に親戚同士で集まった際にもお年玉は最後に渡した方が良さそうです。つまり、プレゼントを渡すタイミングは非可換であるといえそうです。

このように、順序によって結果が変わってしまうものを、コンパクトに言い表せる表現が「非可換」という単語なのです。

最大公約数的《さいだいこうやくすうてき》

意味

複数の意見の共通点、もしくは妥協点

・**最大公約数的**なサービスではなく、これからは人それぞれの嗜好に特化したサービスで勝負しよう。

・近所の本屋には**最大公約数的**な本しか置かれていないから、専門的な本をチェックするために大型書店に通っているんだ。

解説

ニュースや新聞で時折「**最大公約数的な**」という表現を耳にすることがあると思います。この用語は皆さんご存じの通り、もともとは数学（算数）の用語で**それぞれの数字が共通して持っている約数の中で一番大きい数のこと**を意味しています。

例えば、30と66の最大公約数について復習も兼ねて考えてみましょう。30を因数分解すると2×3×5となります。一方、66を因数分解すると2×3×11ですから、最大公約数はこれらの共通因子である2×3＝6となります。

これが、数学の世界から飛び出して、**複数の意見の共通点・妥協点**という意味になり一般社会に浸透したようです。現在は否定的な意味も含めて、「一般的」「大人数から支持される」「有りがち」「陳腐な」「凡庸な」「無難」などの意味で使われています。

日常生活の中では例えば「最近、若者のテレビ離れが進み、日本国民なら誰もが知っている最大公約数的な芸能人、アーティスト、文化人が少なくなってきて話が通じないことが多くなってきた」と言いたいときにもこの用語が役立ちます。

なお、この用語を使う際には「**最小公倍数**」「**最小公約数**」「**最大公倍数**」のような似た言葉を間違って言わないように注意が必要です。

上《じょう》位《い》換《かん》算《さん》・下《か》位《い》換《かん》算《さん》

意味

大きな単位（もしくは小さな単位）で言い換えること

・下位換算することで包含量を多く印象付けられないだろうか。
・現状の表示だと、有害物質が多いという印象を与えかねない。上位換算して表示しよう。

解説

数学よりも、計量や科学の分野で使える用語として「上位換算・下位換算」があります。

日常生活の中で、センチメートルで表していたものをメートルに換算して表現し直すことがあると思います。このように、**ある物理量の度量衡《どりょうこう》をより大きな単位で表すこと**を「上位換算」といいます。逆に**より小さな単位で表すこと**を「下位換算」といいます。例えば、１.５時間後のことを90分後というように、より小さな単位で表現し直す場合が下位換算に相当します。

ＳＮＳやＥメールで「２０００円」と書くところを略して「２ｋ」と書いたりするのも、上位換算になります（ｋ＝キロ＝１０００）。

このような単位換算は宣伝広告の際に便利です。例えば、あるドリンクの宣伝文句に「滋養強壮効果を持つ成分Ａを０.６グラム配合」と書かれているのと「滋養強壮効果を持つ成分Ａを６００ミリグラム配合」と書かれているのとでは、後者の方がなんとなく体にいい成分が多く入っているような印象があります。下位換算をさらに推し進めて「成分Ａを60万マイクログラム配合」と表示するとさすがにやりすぎな気もしますが、商品を印象付けてアピールしたいときには、このような下位換算が効果的かもしれません。

逆に、商品の消費電力、重量などは上位換算して小さく見えるように印象付けることもできるでしょう。

内挿《ないそう》・外挿《がいそう》

意味

与えられたデータから与えられていないデータを推定する

・このままいくと我が社の新聞発行部数が２０３５年に０になるという**直線外挿**は正しくない。

・フレーム補間では、前後のイメージから中間のイメージを**内挿**により生成し、映像の動きをよりなめらかにする。

解説

図X上図のように、**既知の数値データを基に、そのデータの範囲内の数値を推定すること**を「**内挿**（もしくは**補間**）」といいます。これに対して、図X下図のように、**そのデータの範囲外の数値を推定すること**を「**外挿**（もしくは**補外**）」といいます。

推定の際には、既知の数値データに上手く当てはまる曲線を数学的に求めたり、あるいは図Xのようにちょうどよい傾きを持った直線をあてがいます。このように、**直線によって内挿（外挿）を行うこと**を**直線内挿**（**直線外挿**）といいます。

日常生活の中では、日本の人口予測などの未来予測が外挿に基づいており、動画におけるフレーム補間などが内挿に基づいています。

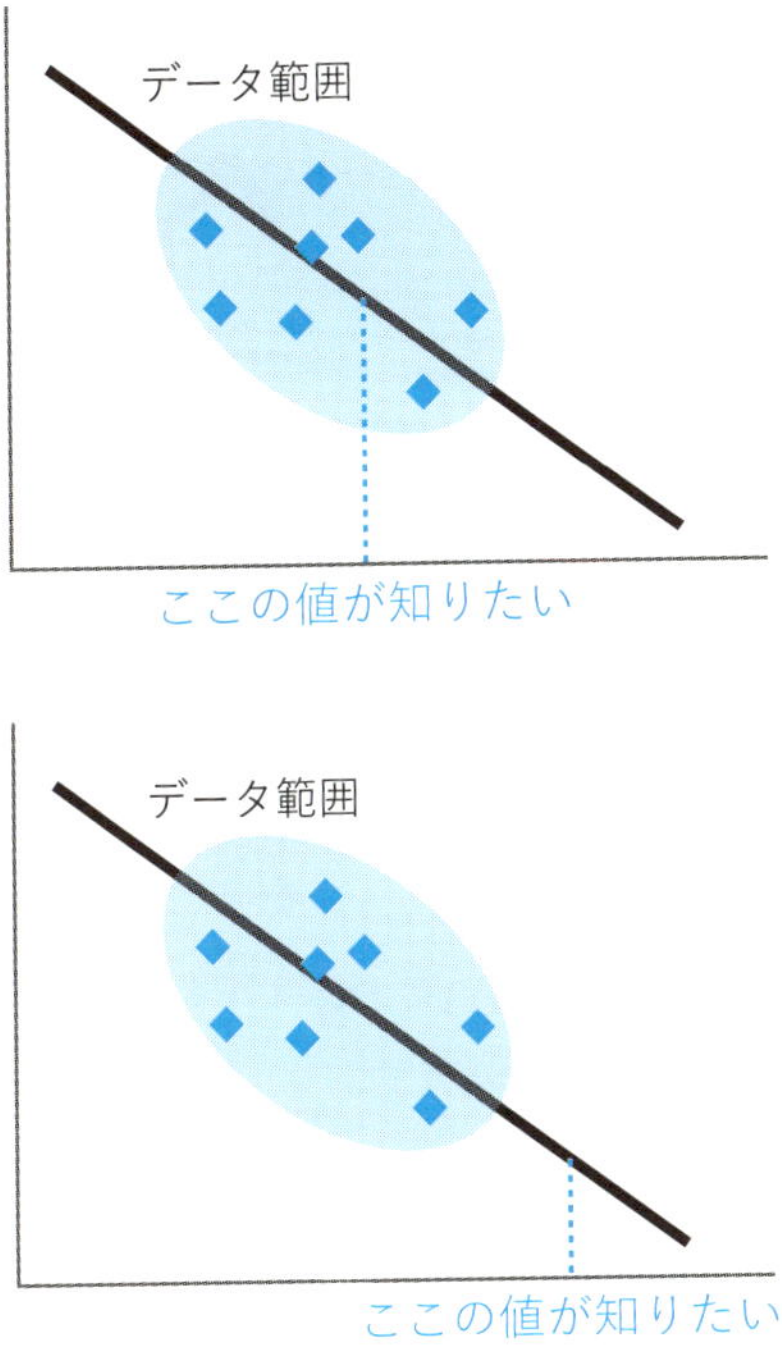

図 X. 内挿（上）と外挿（下）

べき乗則《じょうそく》

意味

ある変数が他の変数のべき乗に比例すること

・時価総額とそのランキングも**べき乗則**に従うのではないでしょうか。

・通常であれば、**べき乗則**に従うものがそうならないときには、何か別の要因が働いているということだ。

解説

地震大国・日本に暮らしている私たちは、経験的に「小さな地震ほど頻度が高く、大きな地震ほど頻度が低い」ことを知っています。

実際に、ドイツの地震学者グーテンベルグと米国の地震学者リヒターが見出した地震の発生頻度と規模の関係を表す法則（グーテンベルグ＝リヒター則）によれば、地震の大きさはその頻度のマイナス2乗に比例し、地震の大きさが2倍になると、その頻度は4分の1になるそうです。

このように**二つの変数のうち片方がある倍数で増えたときに、もう片方の変数がその倍数のべき乗**（地震の例では2倍のマイナス2乗で4分の1倍）**で増えたり減ったりする**ときに、二つの変数は「**べき乗則に従う**」といいます。このような「べき乗則」に従うものが自然界や人間社会に満ちあふれていることが知られています。そのうちのごく一部を列挙にて紹介します。

（べき乗が正の場合）

- 生物の標準代謝量は、体重の4分の3乗に比例して増加する。
- 生物の脳の重量は、体重の4分の3乗に比例して増加する。

（べき乗が負の場合）

- 山火事の被害の規模（面積）が2倍になると、その頻度は約2・48分の1になる。
- 絶滅の規模（絶滅した科の数）が2倍になると、その頻度は約4分の1になる。
- 株価の変動の大きさが2倍になると、その頻度は約16分の1になる。
- 米国の大都市の規模（人口）とその数は負のべき乗則に従い、人口が2倍になると、その数は4分の1になる。
- 米国の富豪の純資産とその人数は負のべき乗則に従い、資産が2倍になると、その人数は4分の1になる。
- 引用数が100以上の論文では、それぞれの論文の引用数とその論文数は負のべき乗則に従い、引用数が2倍になると、そのような論文の数は約8分の1になる。
- 戦争の規模（死者数）が2倍になると、戦争の頻度は約2・62分の1になる。

他にも、書籍・CD・DVDの販売量とその順位、各顧客の購買量とその順位、検索キーワードの検索数とその月間ランキング、スポーツ選手の年収とその人数、はしかの流行の規模（感染者数）とその発生頻度などが負のべき乗則に従うことが知られています。

自分の身の回りにあるものがこのべき乗則に従っているか否かを確認してみたり、べき乗則に従っていることが確認できたものをデータが取れなかった範囲に外挿してみたりすると面白いかもしれません。

具体的には、工場や建設現場における事故の一歩手前の事象（ヒヤリ・ハット）がどの程度発生しているのかを見積もる場合や、生命保険や損害保険などの金融商品を適切に設計する場合にもこのべき乗則が役に立つでしょう。

また、警察に届け出がなされない軽微な犯罪被害や交通事故が実際にはどのくらい発生しているのかを見積もる際にも役に立つかもしれません。

あるいは、データや文献が十分に残っていない歴史研究でも、例えば江戸で年間に発生していた小火（ぼや）の件数や、ある地域の部族や民族同士の小規模な武力衝突の発生件数を見積もることにも使えるかもしれません。

算術平均《さんじゅつへいきん》（相加平均《そうかへいきん》）幾何平均《きかへいきん》（相乗平均《そうじょうへいきん》）調和平均《ちょうわへいきん》

意味

データの中心的な値

・成長率の平均値を求めるのに、間違って**算術平均**を使わないように。

解説

算術平均 $\bar{X} = (X_1 + X_2 + X_3 + \cdots + X_{n-1} + X_n)/n$

幾何平均 $\bar{X}_G = \sqrt[n]{X_1 \cdot X_2 \cdot X_3 \cdots\cdots \cdot X_{n-1} \cdot X_n}$

調和平均 $\bar{X}_H = \dfrac{n}{\frac{1}{X_1} + \frac{1}{X_2} + \frac{1}{X_3} + \cdots + \frac{1}{X_{n-1}} + \frac{1}{X_n}}$

図X. いろいろな平均値の求め方

たくさんあるデータ値の中心的な値を知りたいときに私たちは平均値を計算します。ただし、何のデータを対象としているかによって平均の計算方法を注意深く選択する必要があります。

最も一般的に使われている平均値は「算術平均」です。図Xに示す計算式のように、**データを足してそのデータ数で割ることにより計算する**ため、「相加平均」とも呼ばれています。この算術平均は、売り上げや消費量のように足し算で変化していくものの平均を計算するときに適しています。しかし、かけ算で変化していくような成長率や対前年比、利子率などの数値の平均を求めるのには適していません。

このようなデータの平均を求めたいときには「幾何平均」を使います。この平均は図Xに示す計算式のように**データをかけてから、データの数の累乗根《るいじょうこん》をとることで計算されます**。そのため、「相乗平均」とも呼ばれています。

西暦年	GDP	成長率（前年比）
2014	1200	
2015	1296	1.08
2016	1374	1.06
2017	1401	1.02
2018	1471	1.05

算術平均 ＝（1.08＋1.06＋1.02＋1.05）／4
＝1.0525

幾何平均 ＝（1.08×1.06×1.02×1.05）＾（1/4）
≒1.0523

図Y. ある国のGDP成長率と算術平均・幾何平均の違い

例として、図YのようなGDPの成長率について4年間の成長率の平均を計算してみましょう。

幾何平均で計算すると、1年ごとの平均成長率は約1.0523倍となります。一方、これを算術平均で計算してしまうと、1.0525倍と過大評価してしまいます。

最後に紹介する平均は**調和平均**です。この平均は、**物事の進み具合の平均を算出したい**ときに適しています。例えば、Aさんが2km離れた友人の家に徒歩で往復する場合を考えます。行きは時速6kmで歩いて20分で到着し、帰りはのんびり時速4kmで歩いて30分かけて家に到着したとします。このとき、Aさんの行き帰りの平均時速はいくらでしょうか。

これを算術平均で考えてしまうと、なんとなく時速6kmと4kmの平均である時速5kmだと思っ

合計4 kmの道のりを50分で歩いた平均時速

$$= \frac{4\,\text{km}}{\left(\frac{50分}{60分}\right)時間} = \frac{4 \times 6}{5} = \underline{時速\ 4.8\text{km}}$$

$$調和平均 = \frac{2}{\frac{1}{時速\ 6\,\text{km}} + \frac{1}{時速\ 4\,\text{km}}}$$

$$= \frac{2}{\frac{2+3}{12}} = \frac{2 \times 12}{5} = \underline{時速\ 4.8\text{km}}$$

図Z. 調和平均による平均時速の計算

てしまいます。しかし、実際には行き帰り合計4kmの道のりを50分で歩いたので、平均時速は4・8kmとなります（算出過程は図Zの通り）。この場合には図Xに示した「調和平均」によって平均を求めることができます。図Zにその計算式を示していますが、確かにトータルで考えた平均速度と答えが一致しています。この平均は速度以外にも購入単価や仕事算（「A君が一人でやれば3時間で終わる仕事をB君がやると5時間かかります。二人で協力すれば何時間で終わるでしょうか」など）、電気抵抗の平均値を求める際にも使われます。

以上のように、日常生活の中で平均値を計算する必要が生じた場合には、そのデータの種類によって平均値の計算方法に配慮することが重要です。

短除《たんじょ》・長除《ちょうじょ》

意味

暗算ができる計算か否か

・ゼラー・コルバーンにとっては、何が**長除**なのだろうか。

・日本人は割り勘、おつりの計算が得意だ。日本人の**短除**の範囲は広いに違いない。

解説

暗算を行うことができるような簡単な計算のことを「短除」といい、**暗算できない複雑な計算のこと**を「長除」といいます。普通の人は2桁以上のかけ算、割り算あたりで筆算が必要になってきます。それに対して、暗算の達人やサヴァン症候群の人の中には、どんな計算でも暗算で答えが出せてしまう人がいるそうです。

例えば、米国バーモント州に生まれた**ゼラー・コルバーン**（1804－1839）は、高速暗算の能力を活かして芸人になりました。彼は、読み書きができる前に、100×100の九九を覚え、6歳のときには、父親と一緒に暗算芸の興行ツアーに出発しました。1811年の6月にニューハンプシャー州で、彼は「11年は何秒か？」という質問に4秒で答え、「キリストの生誕から今日まで何日、そして何時間経っているか？」という質問に20秒で答えたというのです。

1818年に、この米国の暗算の天才ゼラー・コルバーンを暗算対戦で打ち負かしたのが、英国のデヴォンシャーで生まれた暗算の天才**ジョージ・パーカー・ビッダー**（1806－1878）です。彼は9歳のときから父親に連れられて興行ツアーを開始し、10歳のときに「119,550,669,121」の平方根をわずか30秒で「345,761」と答えました。

このような暗算の達人たちにとっては、どこまでが短除なのでしょうか。

アルゴリズム

意味

ある特定の問題を解いたり、課題を解決したりするための計算手順や処理手順

- スマートグリッドのために、効率的な送電を実現する**アルゴリズム**を開発する必要がある。
- 音楽や映像の信号を周波数成分に分解する処理（フーリエ変換）を10倍速くする新しい**アルゴリズム**をマサチューセッツ工科大学の研究者たちが開発したらしい。

解説

ある特定の問題を解いたり、課題を解決したりするための計算手順や処理手順のことを「**アルゴリズム**」と呼びます。一般的にアルゴリズムは、四則演算や条件分岐、比較、繰り返し、データの受け渡しなどの曖昧さのない明確な手順を組み合わせたものになっています。

ＩＴ分野ではコンピュータにアルゴリズムをプログラムの形で与えることで、意図した処理を行わせます。同じ問題を解くアルゴリズムが複数存在することが普通で、それぞれのアルゴリズムごとに計算精度、汎用性、計算時間、計算機負荷が異なります。プログラムを設計する人は目的に応じてこれらのアルゴリズムから最適なものを選び組み合わせることでプログラムを設計します。

この「アルゴリズム」という用語は最近、人工知能（ＡＩ）関連のニュースでもよく使われるようになってきていることから、覚えておくと記事の内容が理解しやすくなるでしょう。

コラム#1　違和感のある数学用語たち

日常会話のなかで時折、「その数学用語って適切なの?」と疑問に思うものがあります。ここでは、著者が個人的に違和感を抱いた数学用語を二つほど紹介していきます。

一つ目の用語は確率における「期待値」という用語です。この用語は皆さんご存じの通り、ある試行を行ったときにその結果として得られる数値の平均値です。日常生活では「宝くじを買ったときの期待値」のような損得勘定をする際に使われることがあります。

計算する期待値が利益のようなポジティヴなものならいいのですが、来年に起こる交通事故や経営破綻件数を計算したいときに「期待値」という用語を使ってしまうと、交通事故や経営破綻を期待しているようなニュアンスを帯びてしまいます。このような将来のネガティヴな結果について見積もる場合も考えて「期待値」ではなく「見込み値」という用語を使った方がいいのではないかと個人的に考えています。

二つ目の用語は「不等式」という用語です。文字通りに解釈すると「等しくない式」ということですが、これは数量や数式の大小関係を表す式で、以下の三つの場合があります。

- 「A＜B」　AはB未満である
- 「A≦B」　AはB以下である
- 「A≪B」　AはBと比べて非常に小さい

「A≦B」の例からもわかるように、不等式で比較しているもの同士が等しい場合もあります。そのため「比較対象が等しくない」ということは不等式の本質ではありません。これら三つの式の本質は「一つの量を別の量と比較して大小関係を評価している」ということです。そのため、これら三つの式のことは「不等式」ではなく「評価式」や「比較式」という用語を使った方が良いのではないかと個人的に考えています。さらに言えば、不等式は本来「≠（ノット・イコール）」の方を意味するべきではないかと思っています。

第2章

論理・集合

に関する用語

逆《ぎゃく》・裏《うら》・対偶《たいぐう》

意味

命題同士の関係性

・ここは対偶表現にした方が、見栄えがよくなるよ。

・その主張の逆は成り立たない場合の方が多い。

解説

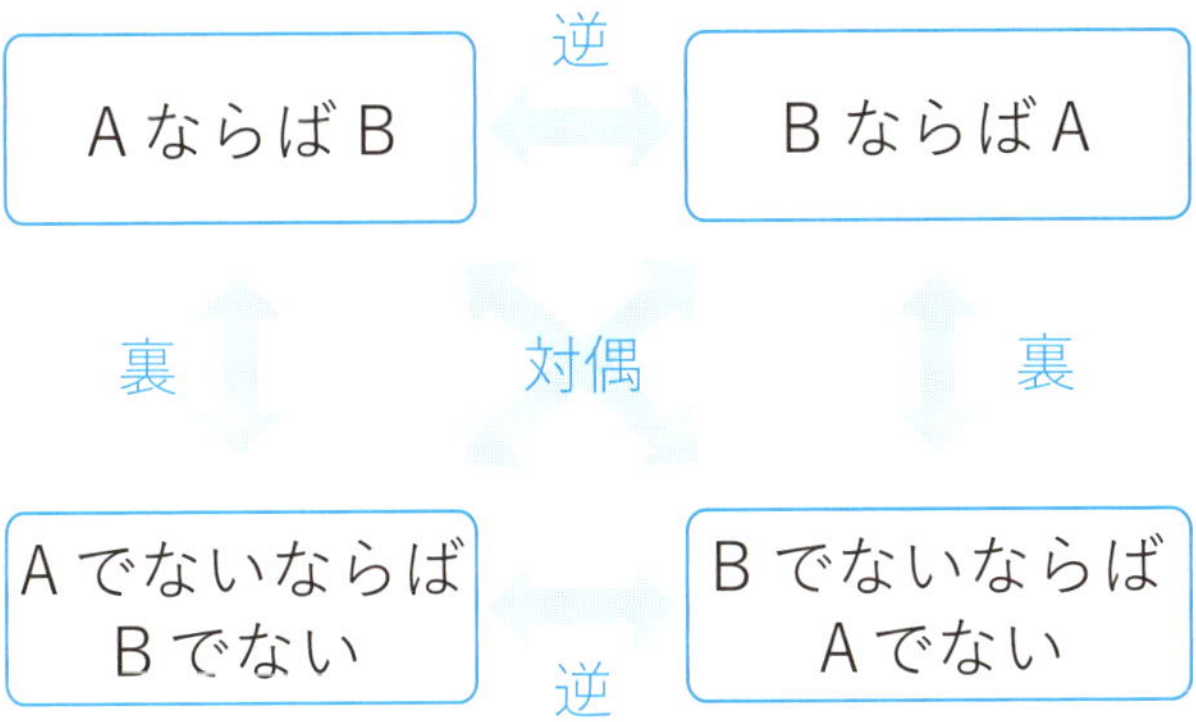

図 X. 命題と逆・裏・対偶

「AならばBである」といったような**命題**（**真偽が判断できる主張**）について考えてみましょう。例えば、仮定Aを高品質、結論Bを高級品とします。すると「AならばBである」は「高品質ならば高級品である」という命題になります。

この**命題のAとBの順序を逆にしたもの**のことを「**命題の逆**」といいます。先ほどの例でいうと「高級品ならば高品質である」が命題の逆となります。

元の命題の仮定Aと結論Bを否定に替えたもののことを「**命題の裏**」といいます。先ほどの例では「高品質でないならば高級品ではない」が裏命題となります。

以上の**二つの操作**（**否定に替えて順序を入れ替える**）**を命題に行ったもの**のことを「**命題の対偶**」といいます。先ほどの例では「高級品でないならば高品質ではない」が対偶命題となります。

わかりやすさのために、図Xに元の命題とその逆、裏及び対偶の関係性を図示しています。この図Xから逆命題と裏命題は互いに対偶の関係にあることがわかります。

これら四つの命題の真偽について考えてみましょう。元の命題である「高品質ならば高級品である」はおおよそ正しい（真である）場合がほとんどです。高品質なものを作るためには材料費や人件費などのコストが多く必要となるため、その商品の売値は値段相応のものになります。

命題の逆である「高級品ならば高品質である」は正しくない（偽である）場合がかなりあります。例えば、「ブランドバッグがいいものとは限らない」とカバンの修理屋さんがネット上で暴露しています。このカバンの修理屋さんは、長年カバンの修理に関わった経験を基にそれぞれのブランドについて品質をレビューし、高級ブランドのバッグといえど、耐久性が貧弱だったり、ファスナーに問題があるブランドがあることを暴露しています。

次に命題の裏である「高品質でないならば高級品ではない」について真偽を考えてみましょう。先ほどのバッグの例の通り、高品質でなくとも高級品として売られているものがかなりあることから、この命題の裏も正しくない場合がかなりありそうです。

最後に命題の対偶「高級品でないならば高品質ではない」について検討してみましょう。品質を高めるためのコストを支払っていない安価な商品は高品質ではないと考えられることから、元の命題と同様にこの対偶も正しい場合がほとんどです。

以上の考察から推測されるように、命題とその逆もしくは裏の命題の真偽は一致しない場合がありますが、命題とその対偶の真偽は一致します。同様に命題の逆と裏も対偶の関係にあることから真偽が一致します（なぜ真偽が一致するのかについては、次の項目「必要条件・十分条件」で説明します）。

ところで、この裏、逆、対偶という概念は日常生活の中で、どのように使えるのでしょうか？

例えば、**ある主張を対偶表現で言い換えることでより映える言い方にすることができます**。具体的には「音楽は楽しいものである」と主張したいとします。このままでは平凡なこの主張も対偶表現を使えば「楽しくなければ音楽ではない」となり、音楽祭のキャッチコピーにありそうな標語にすることができます。

他にも本のタイトルなどでも、このような対偶表現が効果的でしょう（例えば「意味がなければスイングはない」など）。

必要条件《ひつようじょうけん》・十分条件《じゅうぶんじょうけん》

意味

不可欠な条件か、それだけで十分な条件か

・哺乳類であるための**十分条件**とは何か。
・昇給のための**必要条件**から考えると、そんな仕事よりも目に見える成果につながる仕事に注力した方がいいよ。

解説

「AならばBである」といった**命題が正しいとき、AはBの「十分条件」であり、BはAの「必要条件」であるとい**います。この命題の**逆「BならばAである」も正しいとき、AはBの「必要十分条件」**であるといいます。日常生活の中でこれらの用語を使う際には、**「その条件さえ満たしていれば大丈夫」な場合には十分条件**という用語を使い、**「その条件は複数の必要条件のうちの一つにすぎず、それだけでは十分でない」場合には必要条件**という用語を使うと覚えておくといいでしょう。

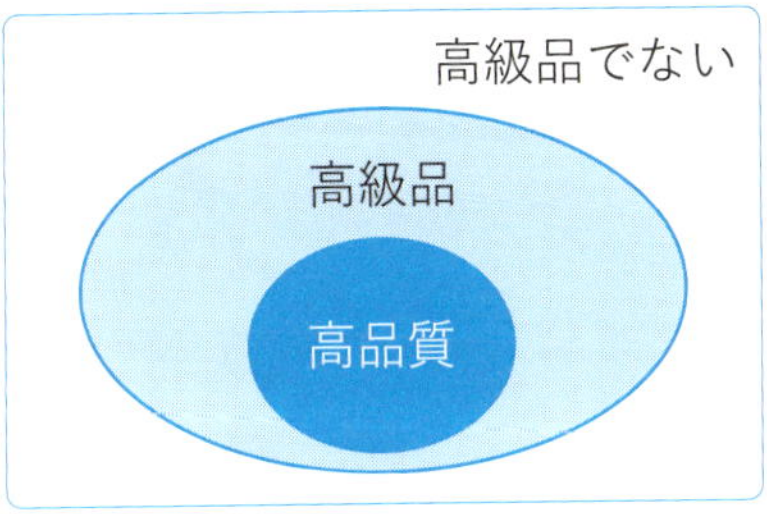

図X. 必要条件および十分条件

図Xでこれらの包含関係について図示しています。「高品質ならば高級品である」が正しい場合には、高級品の集合の中に高品質な集合が含まれています。そのため、高品質であるなら高級品であるといえますが、高級品の中には高品質でないものもあることがこの包含図から一目でわかると思います。

同様に先ほどの対偶命題について考えたとき、高級品の否定である「高級品でない」ものは高級品の集合の外側に相当します。そのため仮定「高品質」が結論「高級品」に含まれているときには、結論の否定「高級品でないもの」が仮定の否定「高品質ではないもの」に含まれる包含関係になっていることがわかります。そのため、元の命題と対偶命題の真偽は一致するのです。

入《い》れ子《こ》集合族《しゅうごうぞく》

意味

包含関係になっているもの

・このメーカーの洗濯機の機能は**入れ子集合族**になっていますか？　つまり、上位モデルには下位モデルの機能がすべて含まれていますか？

・この映画の3種類のブルーレイ（コレクターズエディション、スペシャルエディション、スタンダードエディション）は**入れ子集合族**になっていないから、マニアは三つとも購入しなきゃいけないんだ。

解説

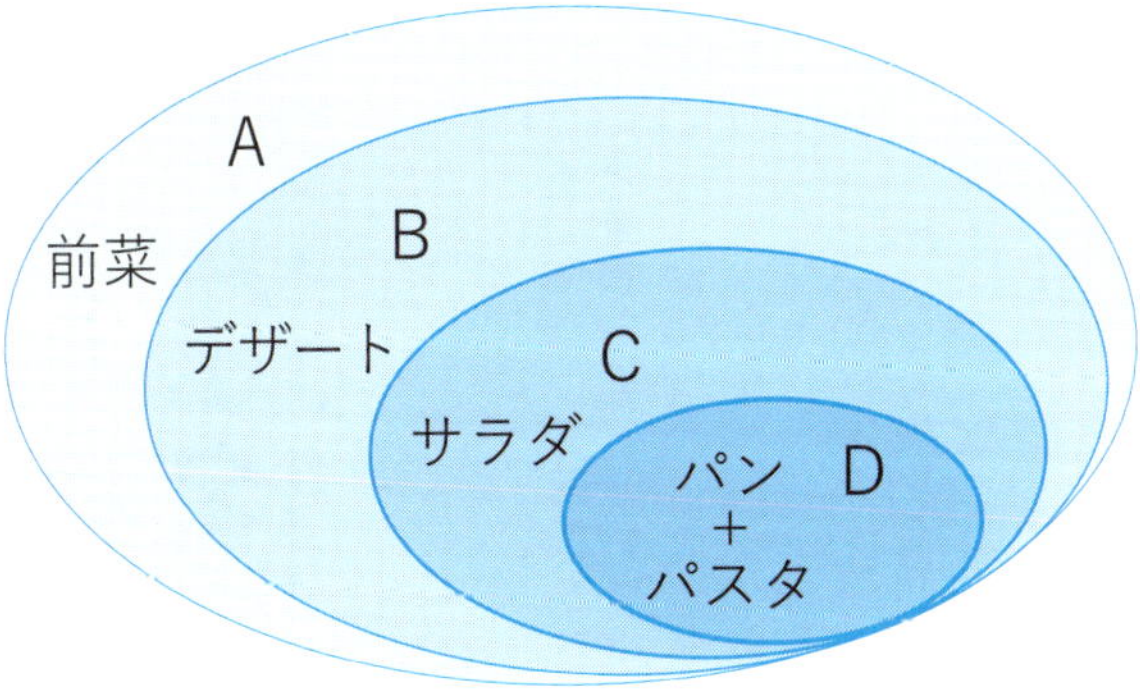

図 X. 入れ子集合族の例

図Xのような集合のあつまり（集合族）について考えてみましょう。この図のように、**集合（A〜D）からどの二つの集合を選んでも、必ず包含関係が成り立っているとき**、この集合族を「**入れ子集合族**」といいます。

日常生活の中では、例えば提供されるサービスの内容について確認したいときにこの用語が使えます。具体的には、レストランに行ったときにシェフのおまかせメニューとして、A（5品）、B（4品）、C（3品）、D（2品）の四つの選択肢があったとします。ここで、AメニューはBメニューと同じ4品に1品が追加されたものなのか、またBメニューはCメニューと同じ3品に（以下省略）といったようにメニュー内容の包含関係について確認したいとしましょう。このときに入れ子集合族という用語を使えばシンプルに「これらのメニューは入れ子集合族ですか？」と尋ねることができます。

推移的《すいいてき》・不推移的《ふすいいてき》・非推移的《ひすいいてき》

意味

一つの序列関係に整理できるか

・この競技は対戦の相性が強く表れるので、勝敗関係は**不推移的**だ。トーナメント制よりもリーグ制にした方が良いのではないか。

・ゲーム内の属性の強弱関係が**非推移的**関係になっているかを確認すること。今のままだと雷属性が強くてゲームバランスが良くない。

解説

将棋の大会を例に「推移的関係」について紹介します。この大会でA君はB君に負けたとして、これを数式で「A＜B」と表すことにします。この後にB君がC君との試合に負けたとしたら（B＜C）、C君はA君に勝つことができるでしょうか（A＜Cか）？　もし、そうであればこの3人は数学用語で「推移的関係」**にある**と表現できます。しかし、実際には対戦相性やその日のコンディションなどがあるために、必ずしもC君がA君に勝てるとは限りません。このように「**A＜BかつB＜CならばA＜C**」**とはいえない場合**があるとき、これらの勝敗関係は「不推移的」であるといいます。さらに「**A＜BかつB＜CならばA＜C**」**である関係性をもったものが存在しない場合**には、これらの関係性は「非推移的」であるといいます。

例えば、「母である」という関係は非推移的です。なぜなら「AがBの母であり、BがCの母である場合に、AがCの母である」ということはあり得ないからです。他にも「じゃんけん」の勝敗関係は非推移的です。じゃんけんでは、「チョキはグーに負け、グーはパーに負けるが、パーはチョキに負ける」ルールになっています。つまり、どの三つの手に対しても「A＜BかつB＜CならばC＜A」となるようにルールが設定されていて有利な手が存在しないようになっています。

以上のように、**関係性を一つの序列関係に整理できる場合**には「推移的」、**序列関係が成り立っていないものが一つでも存在する場合**には「不推移的」、**どの要素の間にも推移的関係が成り立っていない場合**には「非推移的」という用語を使うことで、日常生活の様々な関係性を表現することが可能になります。

全《ぜん》順《じゅん》序《じょ》集《しゅう》合《ごう》

意味

大小ないし優劣が付けられるもの

- 音楽作品は**全順序集合**ではないから、ポップ音楽とクラシック音楽を比較して優劣をつけようとすること自体に意味がないのではないか。
- 犬の群れは順位が明確な**全順序集合**だが、猫はどうだろうか。

解説

ある集合に含まれる任意の二つの要素が推移的関係にあり、かつ二つの要素の大小関係を一意的に定めることができる場合には、その集合のことを「**全順序集合**」といいます。客観的に数値化できるもの（例えば、個人の身長、収入、年齢、偏差値など）は、数値の大小が比較できることから全順序集合になります。

一方、集合に含まれる任意の二つの要素が推移的関係にあるものの、大小関係を定めることができないものが含まれている場合には、その集合は全順序集合ではなく「半順序集合」と呼ばれます。例えば、2人の美人について、容姿の美しさを比較する場合について考えてみましょう。この2人のうちどちらが美しさの面で勝っているかについて議論した結果、評価する人の好みもあり、意見が分かれてしまったとします。この場合には、容姿の優劣について、順序を明確に定めることが難しいことから、人の容姿の優劣は全順序集合とはいえないことになります。

これと同様に音楽、映画、小説、漫画、絵画などの芸術作品の優劣も、満場一致の結論が得られない場合が多く、そもそも作風や方向性が異なるために単純比較ができないものが多く存在します。このように、**そもそも順序を定めること自体が困難な場合**には「**それは全順序集合ではない**」と言うことで不毛な論争に陥ることなく、議論を効率的に進めることができるかもしれません。

対《たい》称《しょう》差《さ》

意味

どちらか一方の集合には含まれるが両方には含まれないもの

・夫婦の共有財産ではないもの、つまりお互いの対称差には口を出さない。

・アンドロイドとiPhoneの対称差アプリによって、どちらのスマホを買うかを決めるよ。

解説

スマートフォンを買うときには、アンドロイドスマホにするか、iPhone（OSはiOS）にするかをまず決める必要があります。そのときに「iPhoneにできてアンドロイドスマホにできないことは何か？」あるいはその逆を比較・検討された方もいらっしゃるかもしれません。こんなときに使える便利な数学用語が「対称差」です。この用語は**どちらか一方の集合には含まれるが両方には含まれないもの**を意味する言葉です。

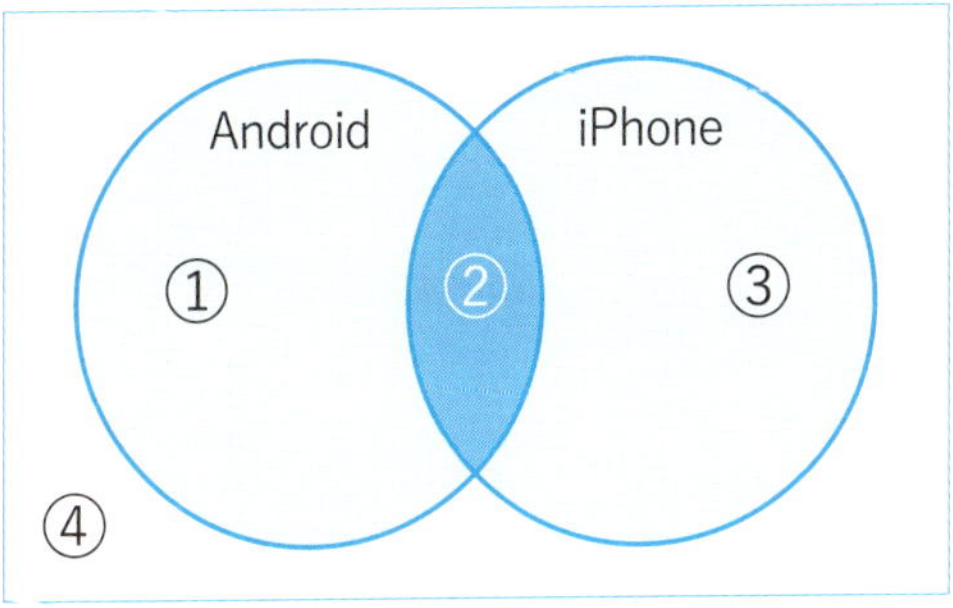

図X. 共通部分②を持つ２つの集合

図Xで、アンドロイドスマホでできることを左の円で表し、iPhoneでできることをその右側にある円で表しています。お互いの共通部分、つまりどちらのスマホでもできることが②に相当します。

ここで「**どちらか一方のスマホでしかできないこと**」は①、③に相当します。これがこの二つの集合の対称差です。図Xを見ていただければわかるように、対称差という言葉は、厳密には「共通部分の反対語」ではありません。②でないというだけでは、対称差以外の④も含まれてしまうため、より広い意味を持ってしまうからです。例えば④には、二つのOSではまだ実現できていないことがすべて含まれています。

互《たが》いに素《そ》

意味

共通部分がない

・オーケストラは互いに素ではない。複数のオケに在籍している奏者もいる。

・3人は趣味が互いに素だから、一緒に遊びに出かけることはほとんどない。

解説

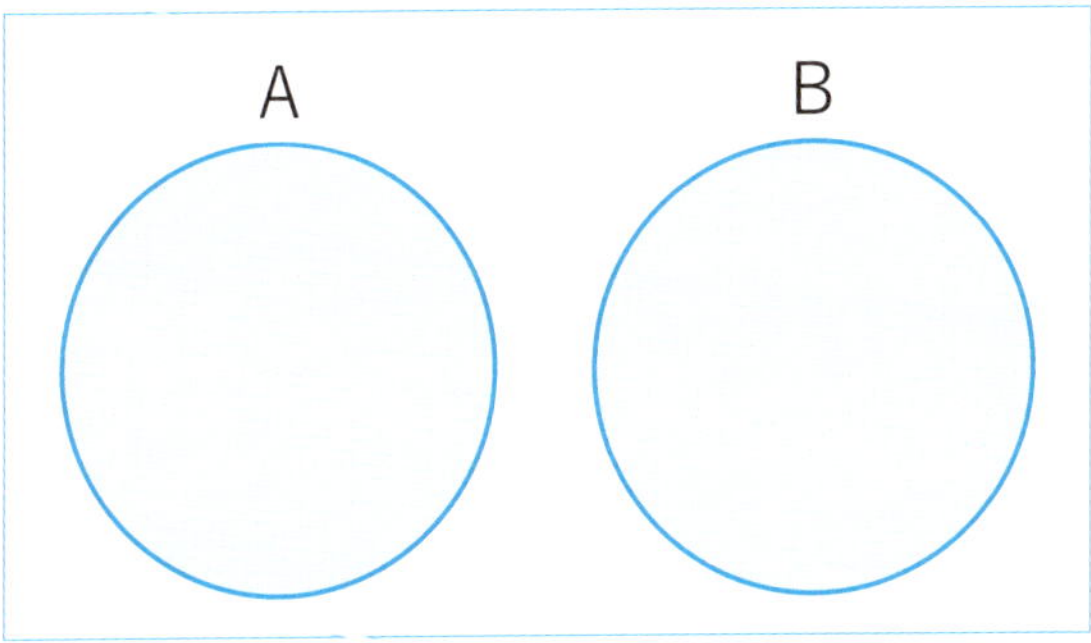

図X. 共通部分を持たない２つの集合

図Xにある二つの集合AとBには、前項の図Xのような共通部分②がありません。このように、**共通部分がないこと**を数学では「**互いに素**」であるといいます。この用語は日常生活で、共通点が何もないことを端的に言い表すのに便利です。

例えば「彼らの政治思想は互いに素だから、会合で最大公約数的な結論にたどり着くことさえ困難だ」、「初対面の人と話すときには、共通点を探し、互いに素な状況をいち早く脱出する必要がある」など様々な応用が利きます。

他にもSNSで、共通の友人をまったく持たない状態のことを互いに素だと表現することも可能です。この概念を利用して、SNSのシステムが自分の友人の互いに素な関係を判定し、友人リストを「中学校の同級生」や「大学の友人」に相当するいくつかのグループに自動で並び替えてくれるようになる日が来るかもしれません。

互《たが》いに排反《はいはん》

意味

一つを選択すると他が選択できなくなる

・お金持ちになると互いに排反なものがなくなっていく。

・結婚は恋愛関係が互いに排反となるように宣言する。そうなりたくないから独身でいるのさ。

解説

あるものを選択すると他のものが選択できなくなることが日常生活の中でよくあります。例えば、金銭的に余裕がない状態であるものを買ってしまうと他のものが買えなくなります。子どものときや若いときには、使えるお金に制限があるため、何を買い、何を我慢するか、毎月どの程度貯金するかを慎重に吟味した経験をどなたもお持ちだと思います。このように「**あるものを選択すると他のものが選択できなくなる**」ことを数学では「**互いに排反**」であるといいます。

買い物以外にも「互いに排反」な例は日常生活に満ちあふれています。例えば、一夫一妻制の国では、結婚式で永遠の愛を誓うことで浮気をしないことを約束します。これにより恋愛関係が互いに排反となり、配偶者以外の人とは恋愛や結婚ができなくなります。

他にも例えば、多重国籍が認められていない国では、一つの国の国籍しか持てません。そのような国では、国籍が互いに排反ですから、母国の国籍のままでいるか、移住先の国の国籍になるかを選ばなくてはなりません。

全単射《ぜんたんしゃ》・全射《ぜんしゃ》・単射《たんしゃ》

意味

二つの集合間における要素の関連づけ

・一夫一妻制は男女を単射にする制度である。

・お互いの言語の全射性を点検することで、該当する翻訳語が存在しないユニークな単語をあぶり出そう。

解説

二つの集合間における要素の関連づけを表す便利な数学用語があります。ここでは、まず身近な例として、日本国民とそれぞれの国民に割り当てられるマイナンバーの集合について考えてみましょう。

図Xのように、**それぞれの国民にマイナンバーが重複なく、漏れなく割り当てられているとき**、マイナンバーの各国民への関連づけは**全射かつ単射**（全単射）であるといいます。

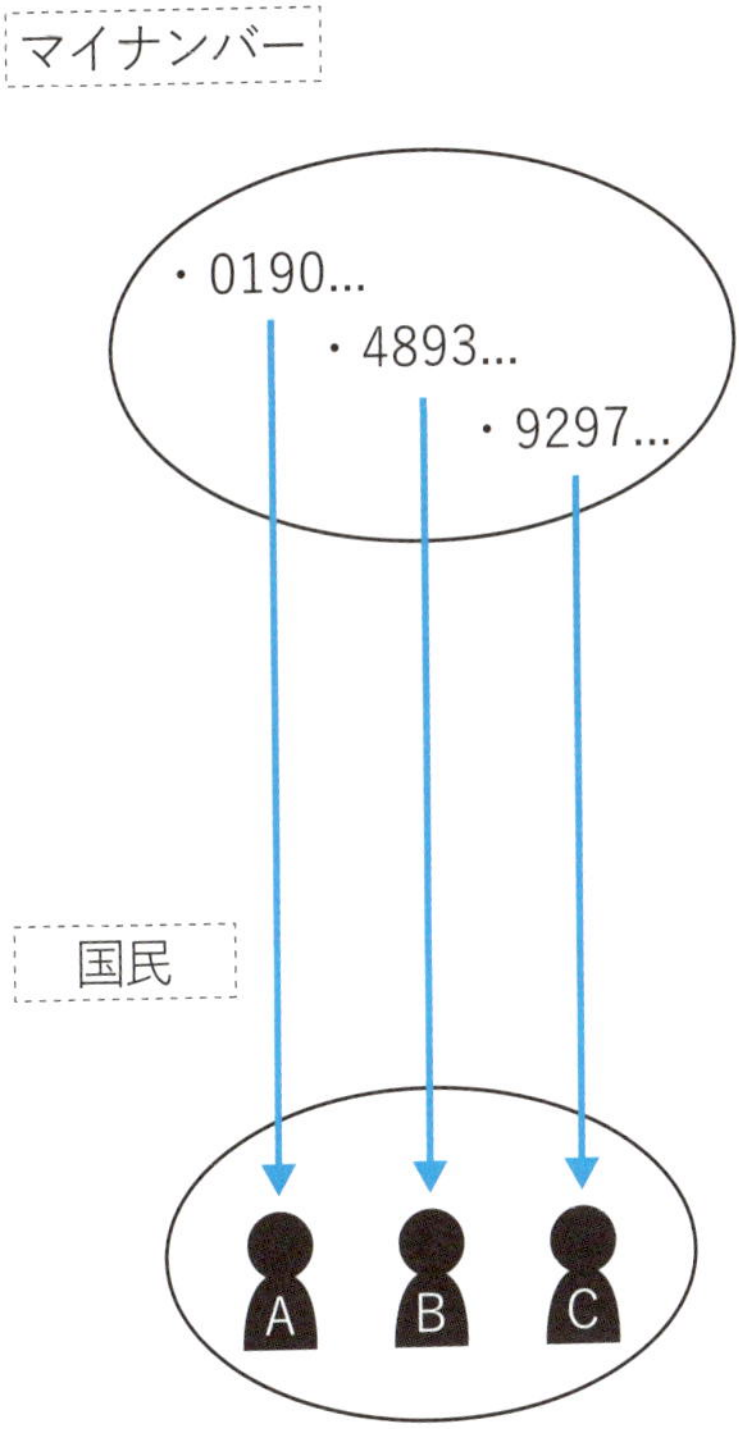

図X. 全射かつ単射（全単射）

図Yのように、**マイナンバーが重複なく国民に割り振られても、まだ番号を当てられていないDのような人がいる場合**には、マイナンバーの関連づけは全単射ではなく、**単射**であるといいます。

一方、図Zのように、**すべての国民にマイナンバーが割り当てられているけれども、ある国民Aが重複して二つのマイナンバーを持っているような場合**には、マイナンバーの関連づけが単射ではなく、**全射**であるといいます。

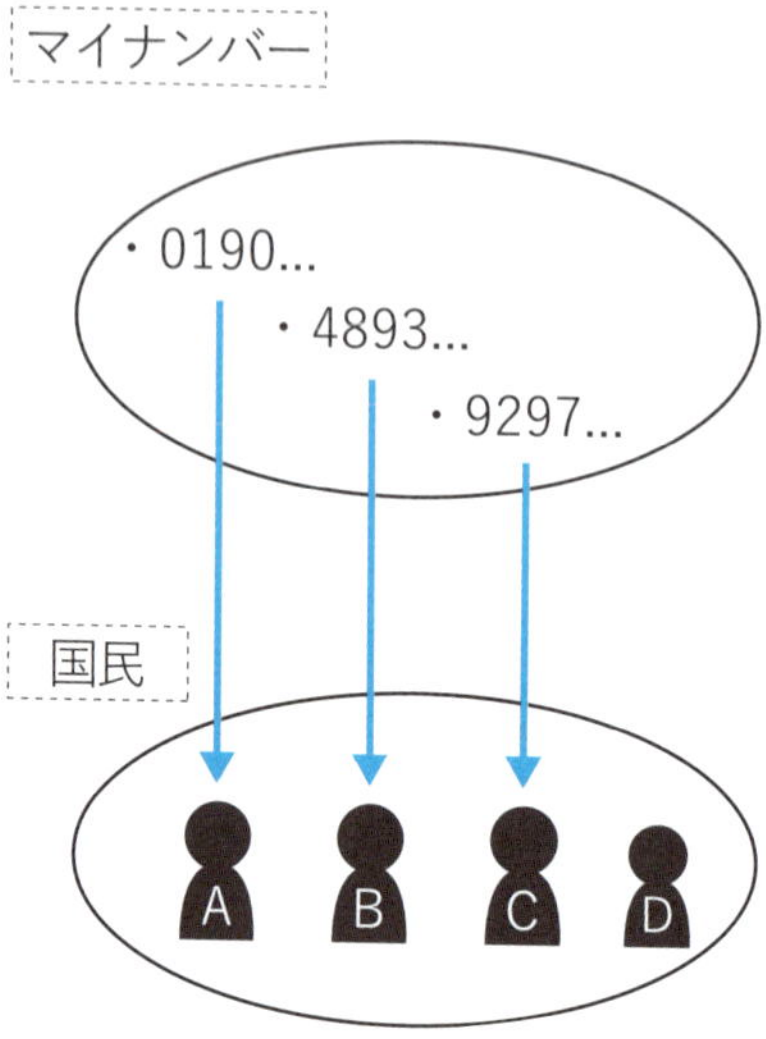

図Y. 単射だが全射でない

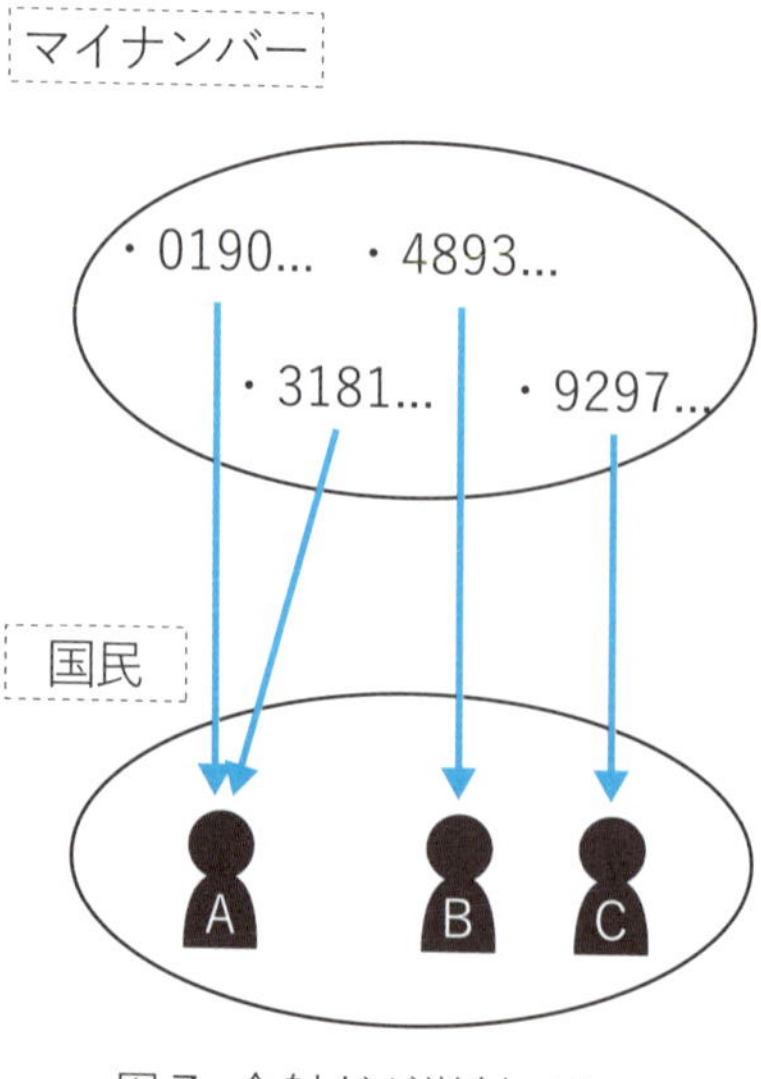

図Z. 全射だが単射でない

日常生活の中で、ある集合から別の集合への関連付けを考える場合に、①重複があるか、②漏れなく割り当てられているかを簡潔に表す言葉として、これらの用語は大変便利です。

マイナンバー以外にも例えば、次のような日常生活での応用例が考えられます。

「文書とそれらの文書管理番号の全単射性を確認しましょう」

「日本語とドイツ語の全単射性を確認したところ、全射になっておらず、ドイツ語には日本語に訳語が存在しない単語がいくつか存在することがわかりました」

「実際の物件情報とホームページに掲載されている物件情報の関連づけを照合したところ、単射でしたが、全射ではありませんでした」

対称関係《たいしょうかんけい》・不対称関係《ふたいしょうかんけい》・非対称関係《ひたいしょうかんけい》

意味

双方向の関係か、片方向の関係か

・短期滞在の渡航ビザの必要性に対する**対称関係**を調べることで、国の信頼度を推し量ることができる。
・社内ネットワークのアクセス可能性を調査して、通信が**不対称な**パソコンがないか調査してほしい。

解説

婚活パーティーを例に対称関係、不対称関係、非対称関係について紹介します。例えば、このパーティーの参加者AはBのことが好みだったとします。ここでもし、BもAのことが好みならば2人は相思相愛関係ということになります。このように**AとBがある関係にあるときに、BがAと同じ関係にあること**を「**対称関係**」であるといいます。もし、この婚活パーティーの中で相思相愛になれないカップルが一組でもいる場合には、この集団の恋愛関係は「**不対称**」であるといいます。それに対して、もし、このパーティーで相思相愛になるカップルが一組もいない場合には、この集団の恋愛関係は「**非対称**」であるといいます。

恋愛関係以外にも日常生活の中でこれらの用語を使える場面はたくさんあります。例えば、ある国Aと別の国Bの間の渡航ビザについて議論する際にも役立ちます。B国の信頼度が低い場合には、A国からB国へ入国するためのビザが免除されていても、B国からA国へ入国する際にはビザが必要な場合がありす。この場合には、A国とB国は短期滞在の渡航ビザについて不対称であるということになります。

また、コンピュータでAのパソコンからBのパソコンへはアクセスできるのに、BのパソコンからAのパソコンへはアクセスできない場合についても、不対称、非対称などの用語を使うことで、各パソコン間のアクセス可能状況を端的に言い表すことができます。

背《は》理《い》法《りほう》

意味

もしそうだとすると矛盾が生じるからそれは正しくない

・宇宙の大きさが無限だと仮定して矛盾を引き出せば、**背理法**から宇宙の大きさは有限だといえる。

・**背理法**で仮説を一つ一つ検証してみよう。まずは、本能寺の変で朝廷が黒幕だったと仮定して史実と矛盾するところがないかを検討しよう。

解説

ある命題を証明するときに「**その命題が正しくない」と仮定して考察を進めて矛盾を導く**ことにより、「その命題が正しくない」という**仮定が誤っていたことを示すこと**があります。このようにして命題が正しいことを間接的に証明する方法を「**背理法**」といいます。

例としてタイムマシンが実現可能か否かについて考えてみましょう。例えば「タイムマシンを造ることは将来可能である」と仮定します。「もしそうだとすると未来で開発されたタイムマシンに乗って未来人が現代に来て、大規模な自然災害による被害などを最小限に抑えるために、介入してきてもいいはずだ。それにもかかわらず、これまでに未来人が現代にやってきたことがないのはおかしい」というようにタイムマシンの実現可能性を否定しようとするのも背理法の一つです。

この背理法は学説の検証を行う際に役立つもので、論争の中でも無意識に取り入れられていますが、意識して使ってみるとより効果的に学説を精査できるかもしれません。

帰納的《きのうてき》

意味

様々な事実や事例から理論や法則を引き出すこと

・理科教育界では今、指導法として**帰納的**・発見的アプローチが推奨されている。

・**帰納的**な本が好きなんだ。理論にたどり着くまでの発見的プロセスに胸が躍る。

演繹的《えんえきてき》

意味

一般的、普遍的な前提から論理を展開すること

・日本もハリウッドのように脚本理論に基づいて**演繹的**に脚本を作るべきだ。

・その教科書は**演繹的**だから、初学には向かないよ。

解説

様々な事実や事例から理論や法則を引き出す推論方法のことを「帰納法」といいます。それとは逆に、**個別のケースに、理論や法則を適用することで結論を得る推論方法**のことを「演繹法」といいます。

例えば、「どの人類集団を観察しても何らかの宗教や音楽を有し、服や装飾を身にまとっている」という事実から「宗教、音楽、衣服は人間集団にもとから備わっている先天的なものである」というように法

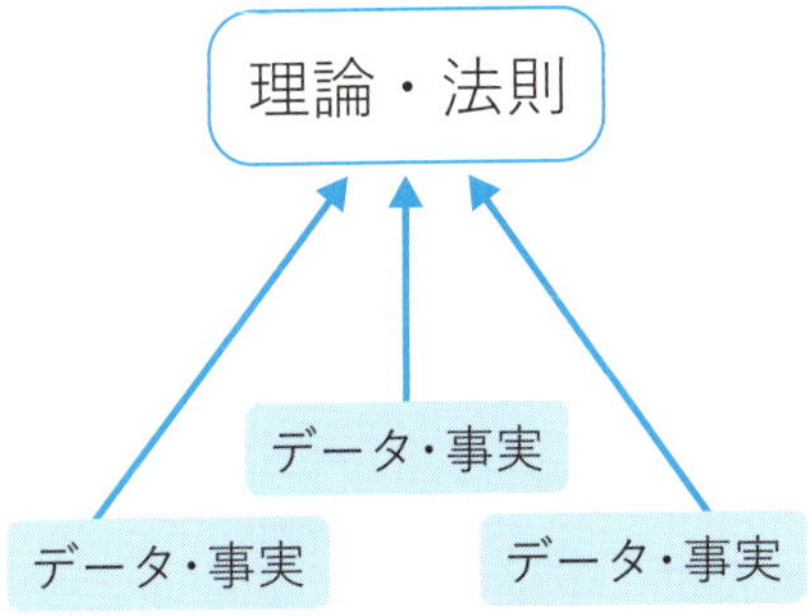

図X.帰納法

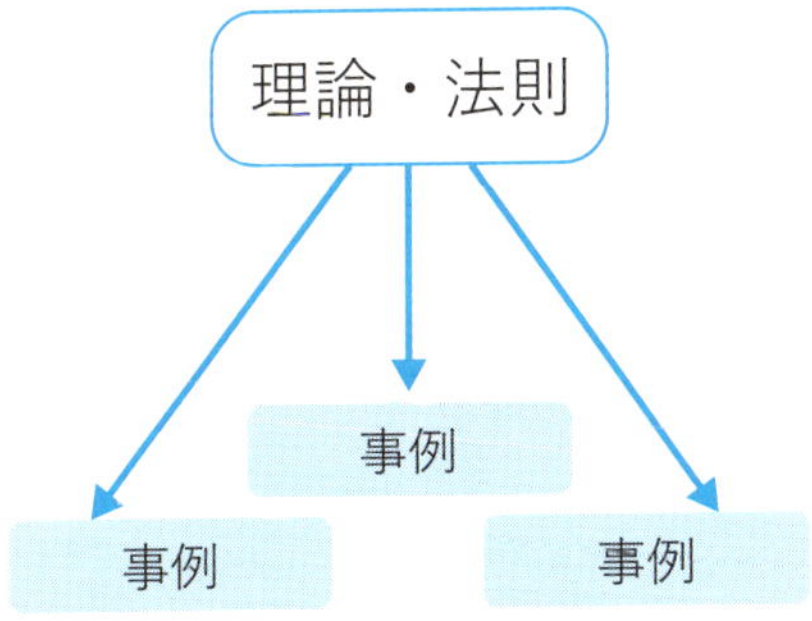

図Y.演繹法

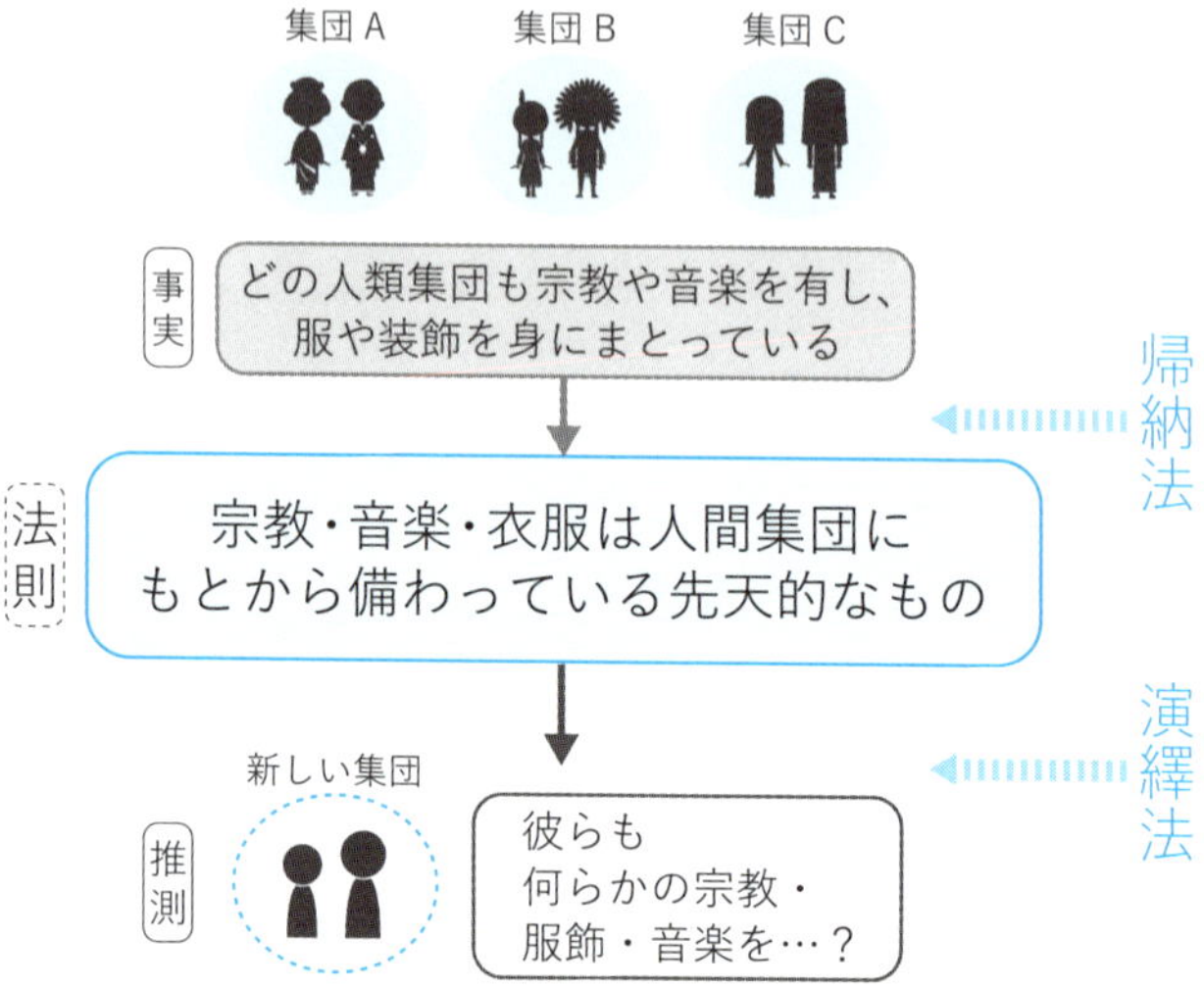

図 Z. 帰納法と演繹法の適用例

則を引き出すことが帰納法です。そして、ジャングルの奥地で新たに見つかった部族に対してこの法則を当てはめ、「彼らも服や装飾を身にまとい、何らかの宗教や音楽を有しているに違いない」と推測することが演繹法です。

一般的に、どの学問領域の仮説も帰納法によって誕生し、演繹法によって展開、検証されます。このプロセスによって十分な検証に耐えた仮説が理論として受け入れられるようになります。

書店にある科学の本は帰納的な本と演繹的な本に大きく分けることができます。帰納的な本は、理論にたどり着くまでの発見的プロセスを紹介しています。一方、演繹的な本は、理論が正しいという前提の元で議論を進めていきます。一つの本の中に、帰納的に議論を進めるパートと、演繹的に議論を進めるパートがあるものもよく見受けられます。ある科学分野の勉強を始めるときには、帰納的な説明が載っている本を最初に手に取るべきです。間違って演繹的な説明しか載っていない本を買ってしまうと「なぜこのような法則を正しいと仮定しているのか」がよくわからないまま議論が進んでいってしまいます。

以上のように学問で展開される議論は大きく分けてこの二つに分かれると知っておけば、学問の議論や理解に役立ちます。

トートロジー（同語反復《どうごはんぷく》）

意味

結果的には同じ意味の言葉を繰り返しているだけ

・論理学は**トートロジー**を明らかにするための学問である（ウィトゲンシュタイン）
・彼の音楽美学は**トートロジー**だ。「人気が出た音楽はいい音楽だ」と言い、別のところでは「いい音楽は人気が出る」と言っている。なぜ、人の心を掴む音楽とそうでない音楽が存在するのかを説明していない。

解説

数学の中でも論理学の用語ですが、**あれこれ説明していても、結果的には同じ意味の言葉を繰り返しているだけになっていること**を「**トートロジー**（もしくは**同語反復**）」といいます。結果的には同じ言葉を繰り返しているだけですので、論理的には常に正しいのですが、情報を追加しておらず何の説明にもなっていないようなもののことを指します。

例えば、ある国の首相が「自衛隊は非戦闘地域にしか派遣しない」と言ったとします。これに対して「非戦闘地域はどこか」と質問されて、「自衛隊がいるところです」と答弁したとすれば、これはトートロジーになります。このように「AとはBである」と主張し、その後に「BとはAである」と主張すると結局「AとはAである」という当たり前のことを主張しているだけで何も意味しないことになってしまいます。

他の例として例えば、子どもにマナーや慣習の理由について尋ねられた際に「ダメなものはダメなの」と言ってしまうのもトートロジーです。あるいは、音楽に関する議論で「いい音楽は人気が出る」と言ったとします。これに対して「いい音楽とは何ですか」と聞かれ、「人の心を掴み人気が出るような音楽がいい音楽です」と答えたとすれば、これもトートロジーになります。

このように発言者の言葉の定義が循環している場合には「それはトートロジーになっていませんか」と指摘してあげましょう。

循環論法《じゅんかんろんぽう》

意味

主張の根拠や説明が循環していること

・この辞書で用語の定義が**循環論法**になっていないかを確認してほしい。

・あなたの主張は**循環論法**になっている。

解説

トートロジーは言葉の定義が循環している状況でしたが、次に紹介するのは**主張の根拠や説明が循環している状況**を表す用語です。図Xのように、**あることを主張するにあたって結局そのことを議論の仮定として使ってしまっていること**を「**循環論法**」といいます。図では主張Bは主張Aを根拠としており、また主張Cの根拠にもなっています。循環論法とはこのように根拠が循環している状態のことを意味しています。

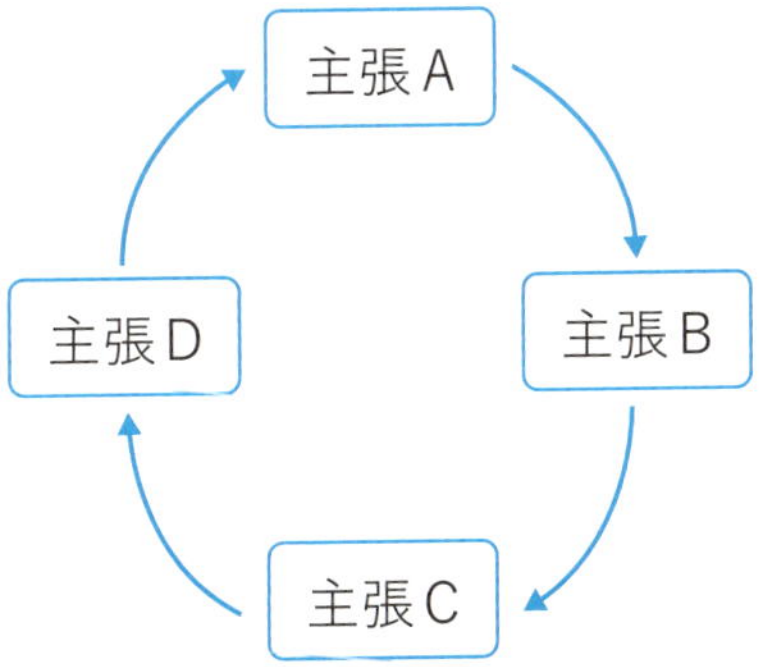

図X. 循環論法

例えば、「聖典コーランに書かれていることこそが真実である。なぜそうなのかというと、それは唯一絶対の神アッラーが決めたからである」と主張した後に「なぜアッラーがそう決めたとわかるのか、それはコーランに書いてあるからである（コーランの記載は真実という仮定に基づく）」と言ったとすればこれは循環論法になってしまっています。

このように発言者の主張の根拠が循環している場合には「それって循環論法になっていませんか」と指摘してあげましょう。

ファジィ概念《がいねん》・クリスプ概念《がいねん》

意味

曖昧で数値化しにくい概念か、客観的で数値化できる概念か

・今や家電製品などの微妙な加減調整に、ファジィ制御は欠かせない。
・でも、おいしさのようなファジィ概念をどうモデル化すればいいのかな？

解説

世の中には、大きく分けて**客観的なもの**と**主観的なもの**があります。客観的なものとして、年齢、温度、解像度、消費電力、燃費などがあり、これらは物理的な尺度で数値化できます。

一方、主観的なものは、美しい、かわいい、なめらかだ、おいしい、ちょっと寒い、面白い、おしゃれな、心地よいなどといったものがあります。これらは数値化しにくい曖昧な概念です。

このように、**曖昧で数値化しにくい概念**を数学では「**ファジィ概念**」と呼び、逆に**客観的で数値化できる概念**のことを「**クリスプ概念**」といいます。このファジィという言葉は1965年にカリフォルニア大学バークレー校のロトフィ・ザデー教授が提唱した「ファジィ集合論」に基づくもので、現代では人工知能、家電製品などの制御に欠かせないものとなっています。

日常生活や仕事でも、これらの用語を使うことで、人それぞれ感じ方が異なる「ファジィ概念」と客観的な「クリスプ概念」の間で上手く頭を切り換えて話が進められるようになるでしょう。

コラム#2　人文科学における数学・科学用語の濫用

ニューヨーク大学の物理学教授であったアラン・ソーカルは、ポストモダンの哲学者や社会学者達の書籍や論文に数学・科学用語がまったく関係のない文脈で使われていたり、間違った使われ方をしていることがあまりにも多いことに気づきました。

例えば、「精神分析学者のラカンは、精神分析に数学のトポロジー（位相幾何学）の用語を濫用しているが、コンパクト性や開集合の定義を誤解しており、虚数と無理数についても混同している」といったものです。

数学・科学用語が間違って他分野に適用されているということだけが問題なのではありません。これらの学者のテキストには、各自の研究テーマとその説明に使用している数学・科学用語の関係性を示すための努力がまったく見られないのです。

このような濫用を、物理学者であるソーカルは「無意味で誤解に満ちた難解なテキストがポストモダン思想として流行することで、知識人や学生を不毛な論争に迷い込ませる」「流行の数学・科学用語をでたらめに濫用した言葉遊びや蒙昧主義が蔓延する」というような理由から看過することができませんでした。

数学・科学用語をでたらめに使用するポストモダン派の研究者達を批判するために、ソーカルはわざと数学・科学用語の誤解に満ち、最終的にばかげた結論に達する疑似哲学論文を作成し、当時最も人気のあったカルチュラル・スタディーズ系の評論雑誌の一つ『ソーシャル・テキスト』に投稿しました。ソーカルの投稿の意図は、この間違いだらけの疑似論文が査読段階で間違いを指摘されるかどうかを試すことにありました。しかし、疑似論文は1995年に受諾され、1996年5月発行のソーシャル・テキスト春夏号にそのまま掲載されたのです。

ソーカルはこの論文投稿が悪戯であったことをすぐに明かし、ジャーナリズムにセンセーションを巻き起こしました。この事件は現在では「ソーカル事件」と呼ばれています。

第3章

幾何学

に関する用語

直角柱《ちょっかくちゅう》・斜角柱《しゃかくちゅう》・ねじれ角柱《かくちゅう》・擬角柱《ぎかくちゅう》

意味

様々な角柱

・斜角柱を組み合わせたようなビルを設計してみたいんだ。

解説

左に様々な形をした角柱があります。このような形のオブジェや建物があったときにどのように言い表せばよいのでしょうか。

例えば、図aのように、**上面と底面の形と大きさが同じで、まっすぐ立っている角柱**は皆さんご存じの通り「**直角柱**」と呼ばれています。

それに対して、図bのように、まっすぐではなく**傾いて立っている角柱**のことを「**斜角柱**」と呼びます。代表的なものとしては、スペインの首都マドリードにあるプエルタ・デ・エウローパがあります。このツインタワーはそれぞれが内側に15度傾いた斜角柱になっています。

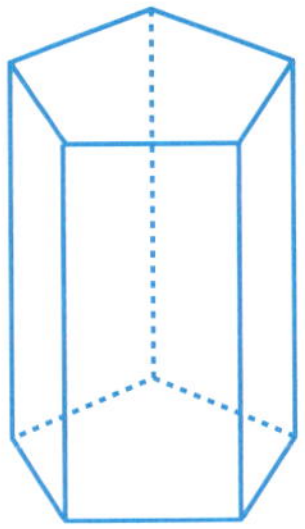

図 a. 直角柱

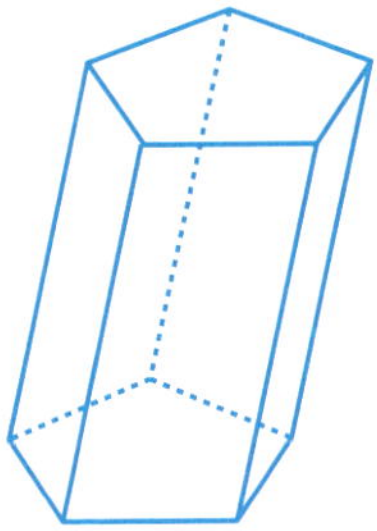

図 b. 斜角柱

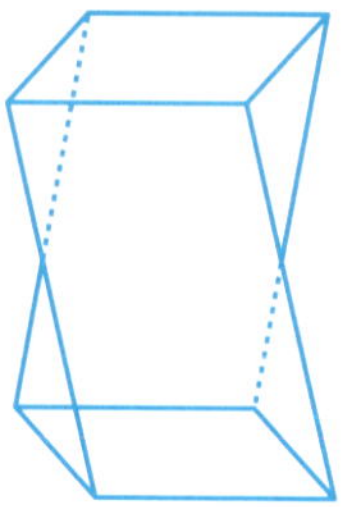

図c. ねじれ角柱

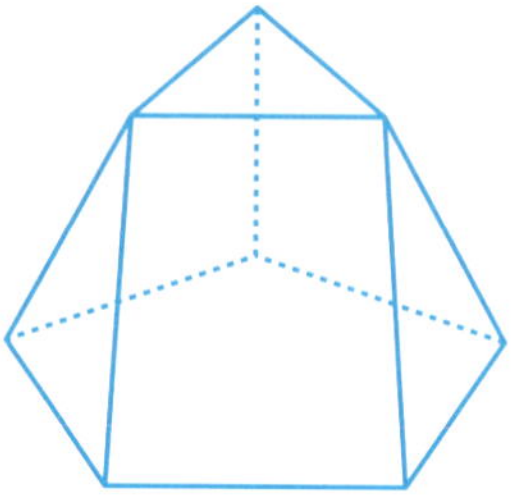

図d. 擬角柱

また、図cのように**ねじれた形をしている角柱**のことを「**ねじれ角柱**」と呼びます。このような形がブームなのかは知りませんが、最近このような形の高層ビルが世界中で建てられるようになりました。例えば、スウェーデンには「ターニング・トルソ」、アラブ首長国連邦には「インフィニティ・タワー」、ボスニア・ヘルツェゴヴィナには「アヴァズ・ツイスト・タワー」という名前のねじれ角柱の形をしたランドマークビルが建っています。

図dのように、**上面と底面の形と大きさが異なる角柱**のことを「**擬角柱**(Prismatoid)」と呼びます。日常生活ではまれに、このような奇抜なデザインをしたゲーミングPCや台座を見かけることがあります。

デザインや建築で役立ちそうな用語ですね。

写真X.斜角柱の例
（スペインのプエルタ・デ・エウローパ/©Lucia Uccellatore）

写真Y.ねじれ角柱の例
（スウェーデンのターニング・トルソ/©Dcastor）

角《かく》錐《すい》・斜《しゃ》角《かく》錐《すい》・角《かく》錐《すい》台《だい》・双《そう》角《かく》錐《すい》

意味

様々な角錐

・その**角錐台**の形をしたチョコを四つください。

解説

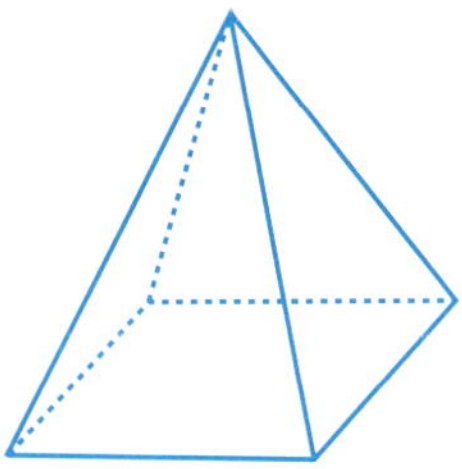

図a．角錐

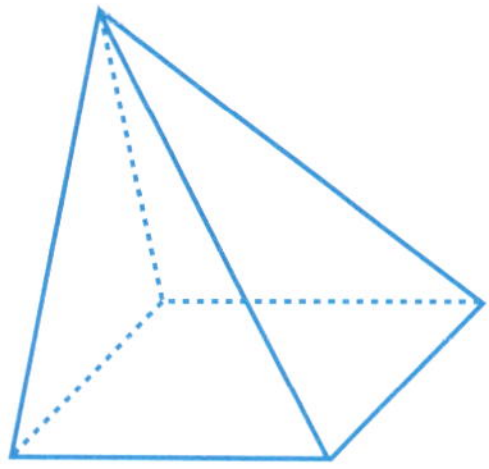

図b．斜角柱

図aのように、**底面が多角形で、その他の面が三角形であるピラミッドのような多面体**を「**角錐**」と呼び、底面が正多角形の場合には「**正角錐**」と呼ぶことは皆さんすでに学校で習ったと思います。このような角錐には他にもいくつかバリエーションがありますので、それについて紹介したいと思います。

角柱と同様に、この角錐が図bのように**傾いている場合**には「**斜角錐**」と呼びます。代表的なものとして、学習院大学に建っていたピラミッド校舎がありましたが、2008年に解体されてしまいました。

また、次ページの図cのように、**角錐をある高さのところで、底面と平行な面で上部を取り去った多面体**のことを「**角錐台**」と呼びます。若干マニアックですが、ヤマハのステレオパワーアンプ「B－6」がこの形をしています。

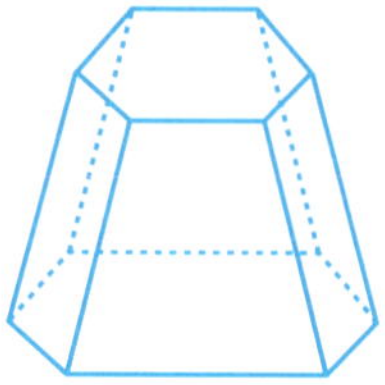

図c. 角錐台

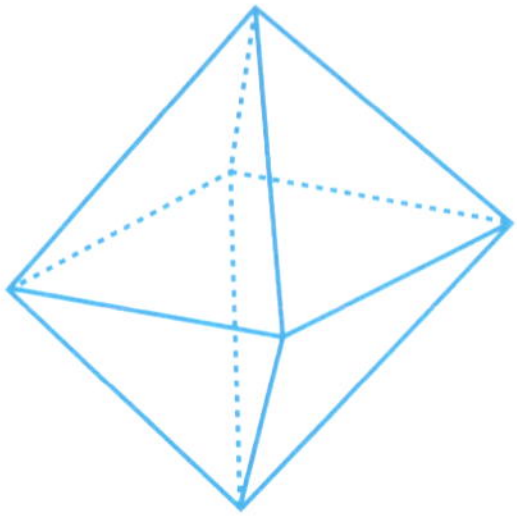

図d. 双角錐

結晶や宝石でよく見かける図dのような、**同じ形・大きさの二つの角錐を底面で合体させた多面体**のことを「**双角錐**」と呼びます。アニメに詳しい人はピンと来たと思いますが、エヴァンゲリオンに出てくる敵「ラミエル」がまさしくこの形をしています。今まで「ラミエルみたいな形」としか言い表せなかったこの形も「双角錐」と表現できるようになれば、仲間から一目置かれるようになるかもしれません。

写真X.角錐の例
（エジプト・ギザのピラミッド/©Ricardo Liberato）

写真Y.斜角錐の例
（日本・学習院大学ピラミッド校舎/©Y440）

円錐《えんすい》・斜円錐《しゃえんすい》・円錐台《えんすいだい》・双円錐《そうえんすい》

意味

様々な円錐

・あの**双円錐**の形をした照明が買いたい。

解説

底面が円の形になっている立体についても角錐と同様です。図aのような円錐に対して、図bのように**軸が傾いた円錐**を「斜円錐」と呼びます。タケノコやサイの角などが円錐からやや傾いた形をしているので、この形だと見なすことができそうです。

また、図cのように、**円錐をある高さのところで、底面と平行な面で上部を切り取った多面体**のことを「円錐台」と呼びます。今まで「プリンのような形」と言って済ませていたものも、これからは「円錐台」と表現してみましょう。

角錐と同様に、**同じ形・大きさの二つの円錐を底面で合体させた多面体**、図dのことを「双円錐」と呼びます。身近な例としては、そろばんの珠がありますが、それ以外にもイヤリングやペンダントの装飾品にありそうな形ですね。

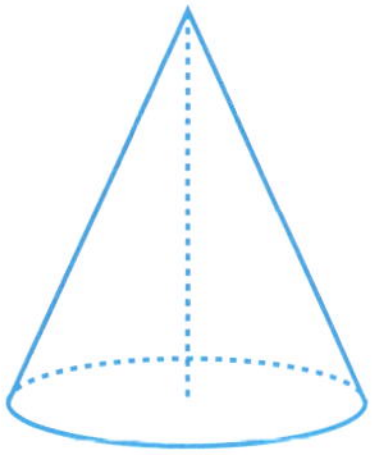

図a. 円錐

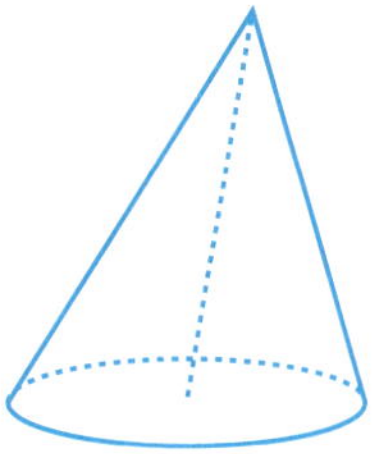

図b. 斜円錐

図c. 円錐台

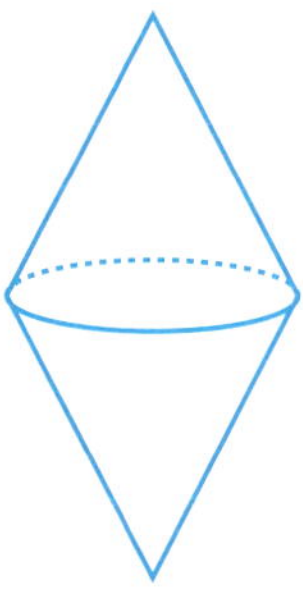

図d. 双円錐

一葉双曲面《いちようそうきょくめん》

意味

鼓のように中央がくびれた形

・重油タンクは一葉双曲面構造の方が地震や津波、台風に強いのでしょうか？

解説

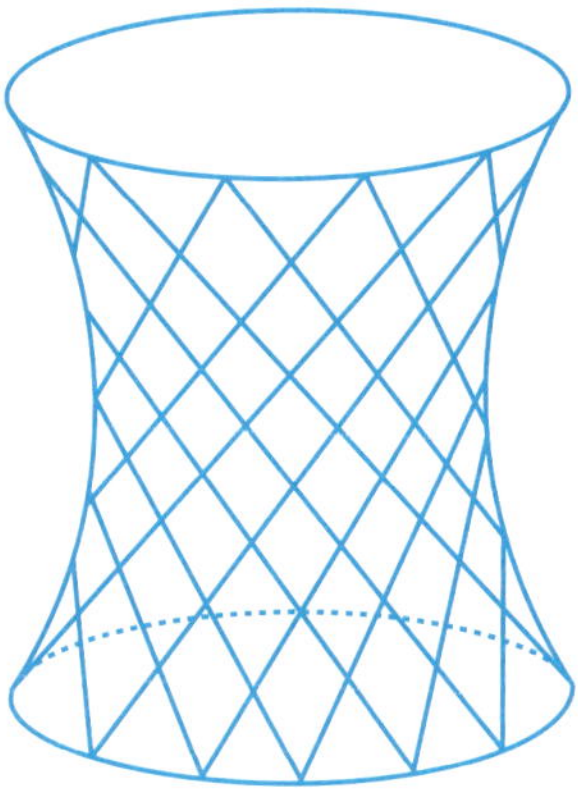

図 X. 一葉双曲面

図Xのように**円柱を少し捻《ねじ》ったような形**のことを「**一葉双曲面**」と呼びます。身の回りのものでは、例えば、日本の伝統楽器で能楽などに使われている鼓《つづみ》、そしてこれをモチーフに作られた金沢駅の鼓門がこの形をしています。

このような一葉双曲面構造は、棒状の鉄筋から造りやすく、また通常の「まっすぐな」建物に比べて外部からの負荷に対する安定性に優れており、構造物を覆う鉄筋の量が最少で済むという利点があることから、建築でよく応用されています。鼓門以外にも、例えば海外の原子力発電所における冷却塔（クーリングタワー）や神戸のポートタワーが、この形を応用した構造になっています。

球《きゅう》状《じょう》楔《くさび》・球《きゅう》面《めん》弓《きゅう》形《けい》・球《きゅう》状《じょう》円《えん》錐《すい》・球《きゅう》面《めん》角《かく》錐《すい》

意味

球を切り取ってできる様々な形

・スイカ切るけど形は**球状楔**と**球面角錐**どちらがいい？

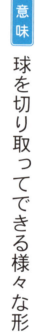

解説

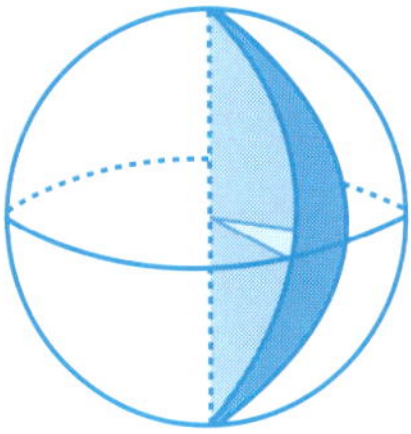

図a．球状楔

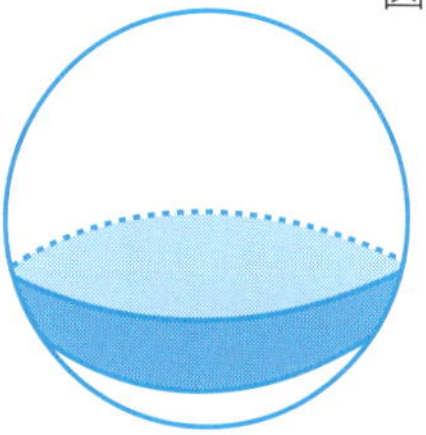

図b．双底球面弓形

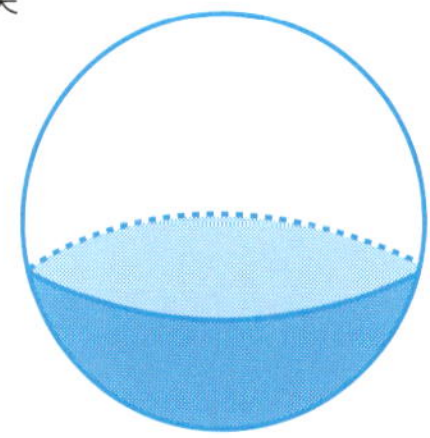

図c．単底球面弓形

よく口にする果物は球状のものが多いですが、それらを切り分けたいとき、どのように伝えればいいか困った経験をお持ちではないですか。ここではそのような球の様々な切り取り方について紹介します。

まず最初に紹介するのは、図aの青色の領域に示すようなスイカを切り分けるときにできる形です。このように**球を直径を含む二面で切ったもの**のことを「**球状楔**」と呼びます。

それに対して、図b、cの青色の領域のように**球を輪切りにすることでできる部分**のことを「**球面弓形**」と呼びます。特に、図bのように**二つの平面で輪切りにしてできる形**を「**双底球面弓形**（もしくは**球帯**）」と呼び、図cのように**一つの平面で球を切り取ってできる形**を「**単底球面弓形**（もしくは**球帽**）」

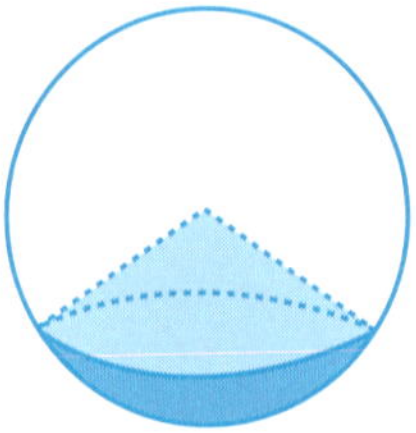

図d．球状円錐

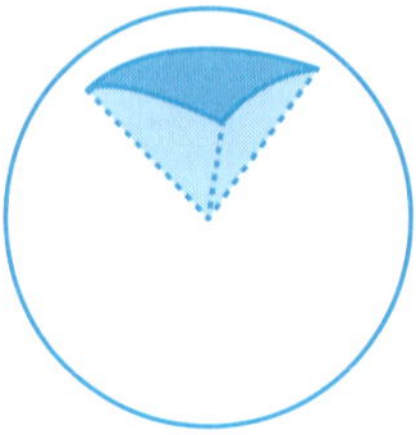

図e．球面角錐

と呼びます。レモンやグレープフルーツ、キウイを切るときには このように切ることが多いと思います。

この球帽に、図dのように球の中心を頂点とした円錐を合体させた雫のような立体のことを「球状円錐」と呼びます。

これに対して、図eのように球面上の**いくつかの点からなる球面多角形を底面とした角錐**のことを「球面角錐」と呼びます。スイカを切り分けるときには大体、球状楔の形に切ってから、この球面角錐になるように切り分けるのが一般的です。

これらの用語は果物の切り方だけでなく、天球や惑星、地球内部などをいくつかの領域に分けて議論したいときにも役立つかもしれません。

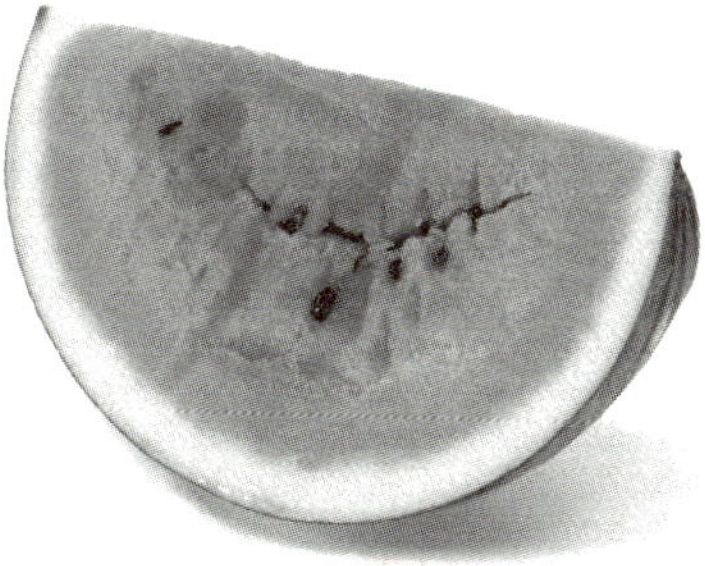

写真X.球状楔（a）のスイカ

写真Y.単底球面弓形（c）のスイカ

写真Z.球面角錐（e）のスイカ

視《し》角《かく》・角《かく》距《きょ》離《り》

意味

物体の見かけ上の広がりを表す角度

・映画館では、前列にはなりたくない。**視角**が大きすぎて観づらいから。

・ここから見えた隅田川花火の**角距離**は、たしか30度ぐらいだった。

解説

夜空に見える星座や花火の広がりを言い表すときに便利な用語が「**視角**（あるいは**角距離**）」です。この用語で**肉眼で感じられる物体の見かけ上の広がりを角度で表現**します。

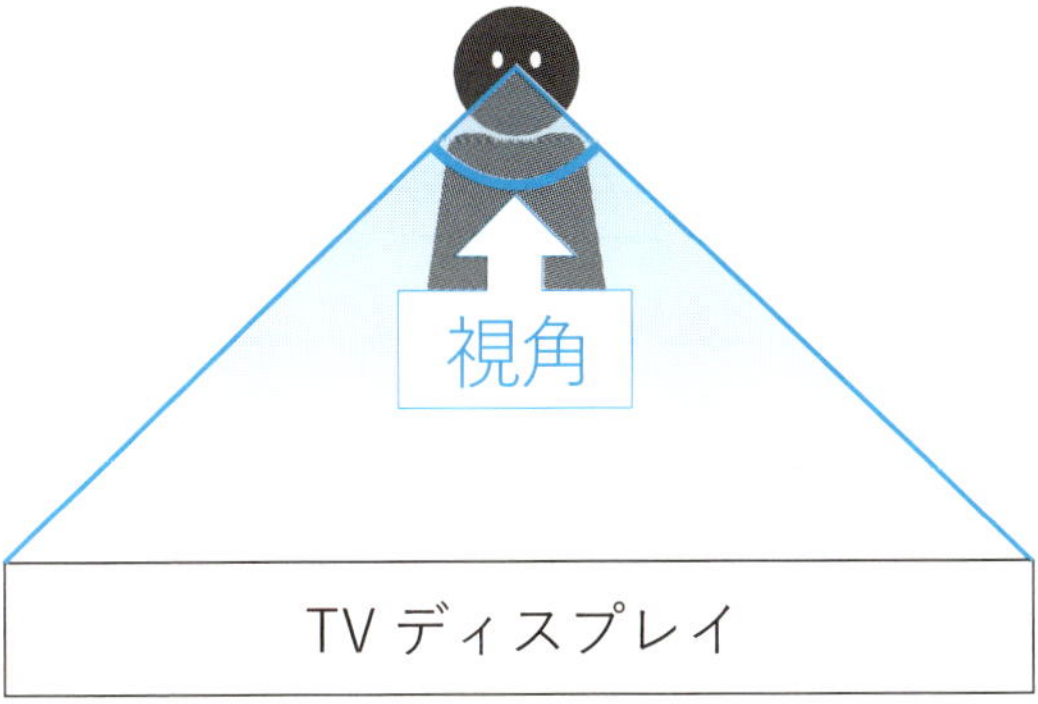

図 X. 視角・角距離の例

例えば、図Xのように、TVのディスプレイを眺めている状況を想定します。この場合のTVディスプレイの視角は、TVを観ている人からTVディスプレイの横端を結んだ際の角度になります。大きなテレビを買わなくても、テレビに近づいて見るだけで、大きな画面で観ているような気分になれるのは、この視角の拡大効果によるものです。

具体的に物体の見かけ上の広がりを知りたいときには、手を物差しにすることで、大まかな視角がわかります。例えば、手を伸ばした状態で、親指の幅がおおよそ2度に相当します。その他にも、握りこぶしの幅が10度に、小指の幅が1度に相当します。このように手の分度器を使えば、実際に見て感じたものの広がりを定量的に相手に伝えることができます。

立体角《りったいかく》・ステラジアン・平方度《へいほうど》

意味

物体の見かけ上の大きさを表す角度

・日食が起こるのは太陽と月の**立体角**が等しいだからだ。

・探査機ケプラーの観測視野は１０５**平方度**であり、これは腕を伸ばして握りこぶしをふたつ並べたほどの大きさに相当する。

解説

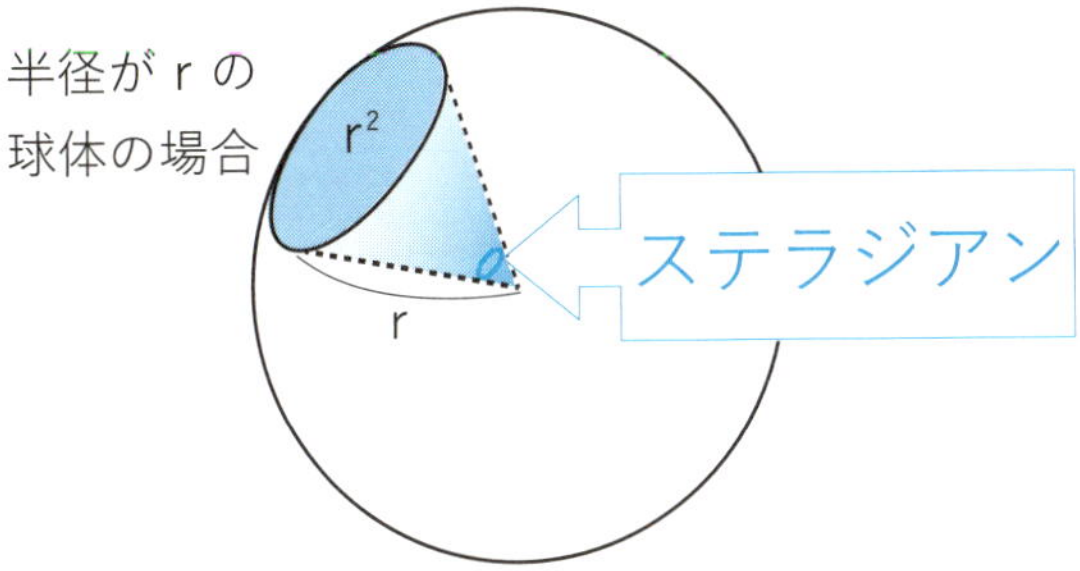

図X. 立体角とステラジアン

角距離・視角は、見かけ上の広がりを表す角度でしたが、**見かけ上の大きさを表したいとき**には「**立体角**」という概念を使います。これは、図Xのようにある点（球の中心）から見た空間領域を半径1の球面上に投影した面積によって表現することで、見える範囲のうち、対象がどのぐらい大きな領域を占めているのかを表すものです。

立体角の単位として、国際的にも日本の計量法でも認められているものは、「**ステラジアン**」です。この単位では、**球の半径の2乗に等しい面積をもつ球面上の面が球の中心に対してつくる立体角**を1ステラジアン（**sr**）と定義します。このとき、球面全体の立体角は4πステラジアン＝約12・6ステラジアンとなります。

計量法では認められていませんが、天文学で天球上における立体角を表すためによく使われる単位として、ステラジアンの

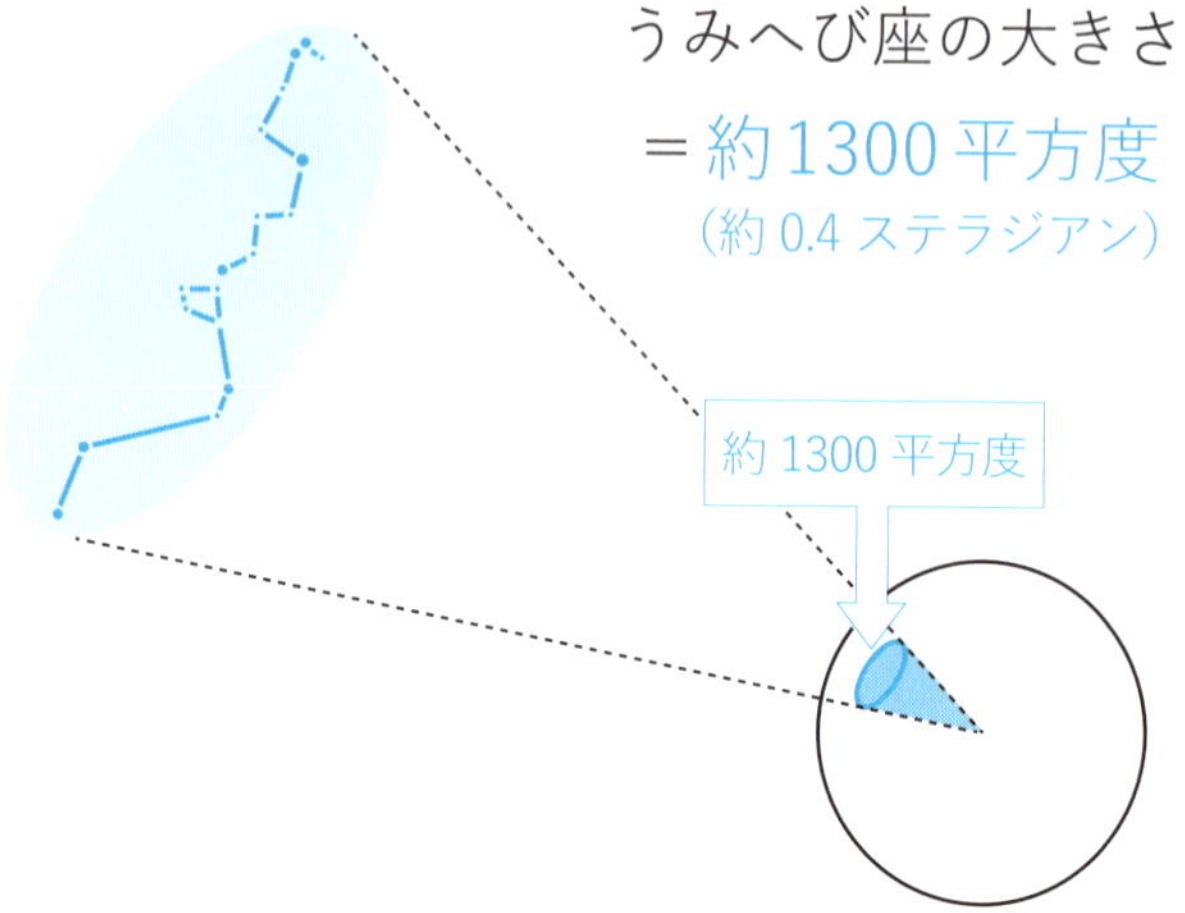

図Y. うみへび座の大きさ

他に「平方度」があります。この単位では、**球面上で一辺を1度とする正方形の面積**を1平方度（deg²）と定義します。このように定義すると球面全体の立体角は約4・1万平方度となります。先ほどのステラジアンと比較してみると1平方度は、約0・000304 6ステラジアンに相当します。

これらの単位で測ってみると、例えば天球上で最も大きな立体角を持つ星座であるうみへび座は、約1300平方度（約0・4ステラジアン）であり、これは全天の約3・16％に相当する大きさになります。また、夏の大三角の立体角は約418平方度（約0・127ステラジアン）で全天の約1％を、冬の大三角はそれより少し小さい約287平方度（約0・0874ステラジアン）で全天の約0・7％を占めています。

具体的に物体の見かけ上の大きさを知りたいときに

は、視角と同様に手を使うことで大まかな立体角を知ることができます。例えば、腕を伸ばしたときの握りこぶし一つ分の大きさが52・5平方度（約0・016ステラジアン）に相当します。このように立体角を使えば、自分から見えるものの大きさを定量的に表現することができます。

共役弧《きょうやくこ》

意味

二つ合わさることで完成する

・あの二人は互いの共役弧だから、二人揃わないと芸が完成しない。
・それは食物連鎖のうち、微生物の共役弧に悪影響を与える恐れがある。

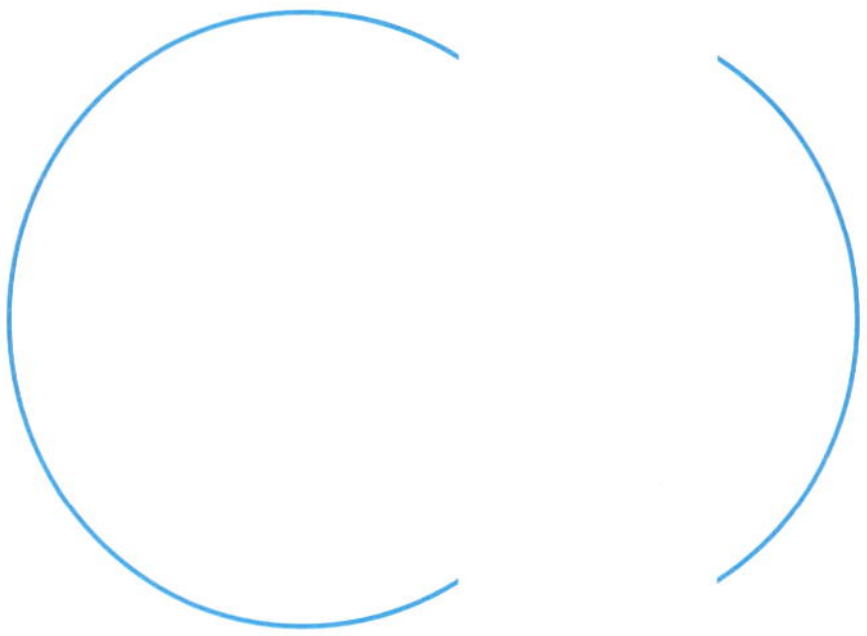

図 X. 共役弧

解説

図Xのように、**円周上の2点で分けられた二つの弧のこと**を「**共役弧**」といいます。この二つの弧を一緒にすることで、一つの全円周になります。この数学用語は日常生活の中で「**二つ合わさることで完成するもの**」あるいは「**揃わないと本領を発揮しないもの**」を表現するのにピッタリです。これに似た言葉として、「一心同体」「表裏一体」「かけがえのない」などがありますが、共役弧の方が「合わさることで完成する」というニュアンスを出すことができます。

例えば、男女のように両者が一緒にならないと生殖機能を発揮できず、子孫を残すことができないようなもの同士は共役弧の関係にあるといえます。また、食物連鎖やリサイクルのような循環する輪を二つに分けて考えるときに、この用語を使うことで「どちらが欠けてもサイクルが完成しない」というニュアンスを出すことができます。

曲率半径《きょくりつはんけい》・R（アール）

意味

曲がり具合

・交通事故を防ぐために、カーブの制限速度を**曲率半径**ごとに時速5km刻みで規定している。

・乗客にかかる遠心力を考えると、この線路上にある2カ所の急カーブの**R**《アール》を400m以上にすべきではないか。

解説

高速道路などを走っていると、時折「**R＝400**」という道路標識を見かけることがあります。これは、この先にカーブがあり、その**カーブの曲がり具合がどれだけ急なのか**を「**曲率半径**」で表しています。曲率半径とは図Xのように、あるカーブを円弧の一部に見立てて、曲がり具合を円の半径R（アール）で表現するものです。つまり、R＝400と標識に書かれていたら、この先にあるカーブの曲がり具合は半径400メートルの円と同じということになります。

Rの数値が小さいほど曲率半径が小さいため、曲がり具合がきつく遠心力がかかります。逆にRの数値が大きいほど、曲率半径が大きいため、ゆるやかなカーブになります。例えば「R＝300」という標識がある場合には、この先にかなりの急カーブがあることを意味しており、安全にカーブを曲がるためには、時速80km程度に減速することが推奨されています。

普段、「カーブがきつい（もしくは緩やか）」と言って済ませている場面でも、この曲率半径Rを使えばより定量的に曲がり具合を伝えることができます。

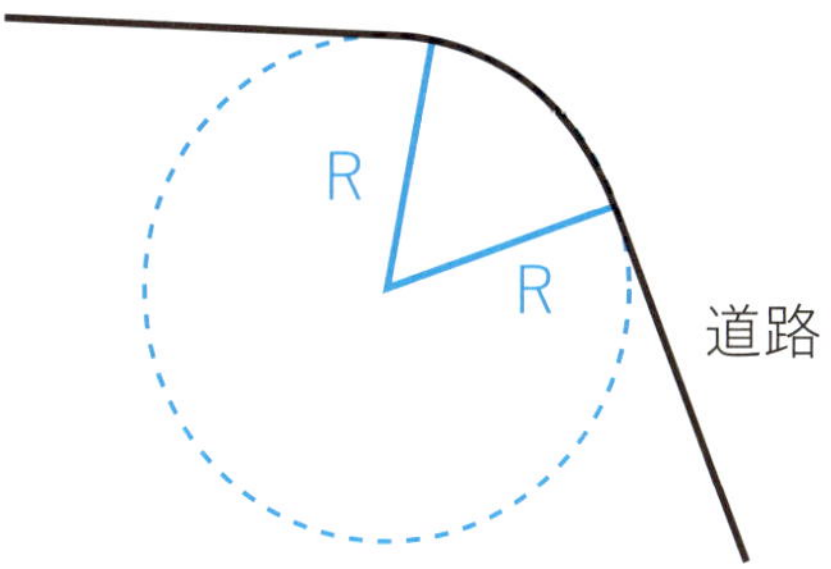

図X. 曲率半径・R

局所的《きょくしょてき》・大域的《たいいきてき》

意味

ごく限られた地域・時間範囲でのローカルな話か、よりスケールの大きいマクロな話か

- 日本の新聞記事、ニュースには国際情勢を扱った**大域的**なものが少ない。
- あの人の話は身の回りの**局所的**な話題ばかりで政治経済のような**大域的**な話がない。

解説

空間や関数で、**ある点の近傍の状況だけで定まるもの**を「**局所的**」、**図形や空間全体に関連して決まるもの**のことを「**大域的**」といいます。例えば、数学の位相幾何学《いそうきかがく》（トポロジー）という分野では、空間や図形が大域的にどのような繋がり方をしているかに着目して、局所的な形状にはこだわりません。そのため、コーヒーカップやドーナツのように「穴が一つ空いている」という構造が共通したものを同じものと見なします。

この局所的、大域的という対比を身近なものに当てはめて考えてみましょう。地球は局所的に見ると平らですが、遠くから全体を眺めてみると大域的には丸い形をしています。あるいは、河川で大域的には渦や湧き出しのような流れがあるにもかかわらず、流れを局所的に見ているだけでは、そういった流れの構造が見えにくいことがあります。このようにクローズアップして見えてくる性質と、対象から距離を置いて全体を眺めると見えてくる性質や構造が異なることを言い表したいときに、「局所的・大域的」という用語が役に立つでしょう。

拡大解釈すれば、日常会話の中で「ごく限られた地域・時間範囲でのローカルな話」を局所的、「空間的・時間的スケールがより大きいマクロな話」を大域的と表現することができそうです。そう解釈すれば、「日本の政治家は大域的視野に欠ける」「局所的には人気が出ているが大域的にはまだ認知されていない」などのように、規模の観点を踏まえた端的な表現が可能になります。

フラクタル

意味

自己相似性を持った構造

・フラクタルを美術に応用した例が葛飾北斎やジャクソン・ポロックだ。
・フラクタルなデザインを家電に応用することで、放熱効率を向上させよう。

解説

数学では、**図形の部分と全体が自己相似になっている場合**に、その図形は「**フラクタル**」**な構造**になっているといいます。例えば、写真Xの葉っぱの構造はフラクタルになっています。写真の葉っぱの主脈から左右に伸びる側脈、その側脈からさらに左右に伸びる小さな側脈と、同じパターンでどんどん小さな側脈に枝分かれしています。

写真X.フラクタル構造の例

このように、拡大してみても引いてみても似た幾何学的構造を持っているものの例は自然界に無数にあります。なぜなら、このようなフラクタル構造にすることで、表面積を最大にすることができるからです。表面積を最大にすると、熱の放熱・吸収や、光合成の効率を最大化できます。そのため、多くの植物はフラクタル構造を部分的に持っています。

また、表面積を最大化することで、周囲に流れてくる栄養分や空気を効率よく取り込むことができます。そのため、小腸の内壁もフラクタル構造になっており、これによって腸内で効率的に消化物からの栄養分を吸収することができるようになっています。

チューリング・パターン

意味

動物が持つ独特の繰り返し模様

・ソファのデザインにチューリング・パターンを応用するのはどうだろうか？
・恐竜の皮膚にもチューリング・パターンのような模様があったのではないか。

解説

動物や魚、サンゴ（写真X）**が持つ独特の繰り返し模様**を作り出すことのできる数学の方程式があります。それが反応拡散方程式と呼ばれるもので、二つの仮想的な化学物質が、ある条件を満たして互いの合成をコントロールし合うことを連立方程式で表現したものです。イギリスの代表的な数学者でコンピュータ科学の生みの親でもある**アラン・チューリング**が「この反応拡散方程式に従うシステムでは、物質の濃度が濃い部分と薄い部分が繰り返すようなパターンが自発的に生じる」ことを数学的に証明しました。

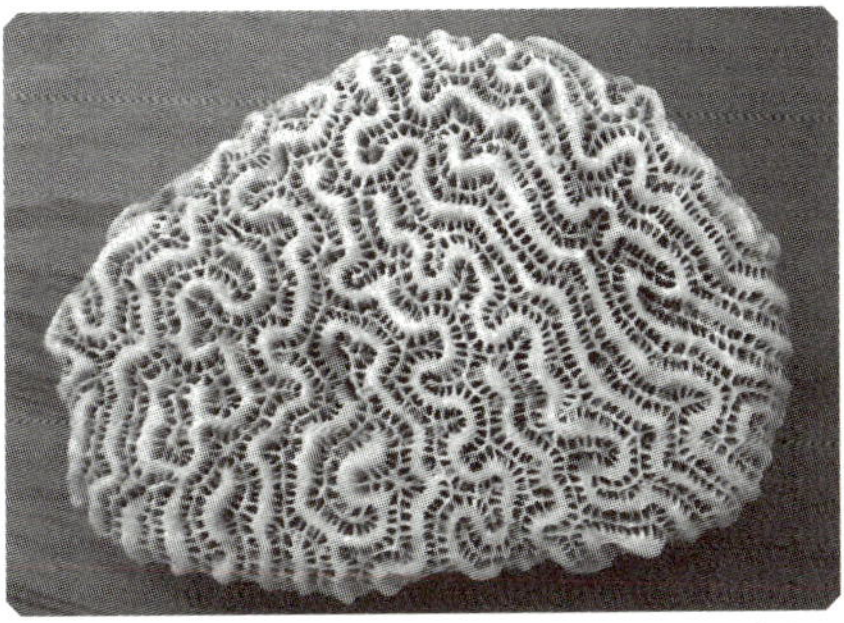
写真X.チューリング・パターンの例

そして、コンピュータが開発された1970年代に数人の数学者がこの方程式を二次元でシミュレーションしたところ、仮想的な化学物質の性質に相当する定数を少し変えるだけで、シマウマやキリンの網目模様、ヒョウの斑点模様などを作り出せることを発見しました。

ただし、これでは「動物の模様をシミュレーションできる方程式を発見した」だけにとどまっており、「動物の模様は反応拡散方程式に基づいて生成される」とまではいえません。しかし1995年に生物学者の近藤滋教授によってタテジマキンチャクダイの体表面の模様が、チューリング理論による予測の通り、成長に伴って変化していくことが確認されました。これにより、このチューリング・パターンが近年再評価されてきています。

コラム#3　数学的形状をモチーフにしたアート

第3章でご紹介した数学的な形状以外にも、建築やデザインに応用できる美しい数学的形状がたくさんあります。興味のある方はネットで「数楽アート」と検索してみてください。数学の「2変数関数」を金属加工技術を駆使して立体化したステンレス製のアート・オブジェが出てくると思います。

ネットで写真を眺めるだけでも、数十枚のステンレス鋼板が幾重にも重なってできる幾何学構造の美しさが伝わってくると思います。サイズの小さいプチシリーズならば、2万円もしない価格で購入できますので、インテリアにされてみてはいかがでしょうか。この数楽アートによって部屋が少し知的な雰囲気の空間になるかもしれません。

ちなみに、この数楽アートの誕生秘話や開発ストーリーが、中央公論新社から出版されている書籍『美しすぎる数学―「数楽アート」を生んだ日本の底力』に詳しく書かれていますので、興味のある方はお手に取ってみてはいかがでしょうか。

第4章

確率・統計学

に関する用語

蓋然性《がいぜんせい》

意味

ある事柄が起こる確実性や、ある事柄が真実として認められる確実性の度合い

・あの国が今後20年の間に一党独裁から民主主義に移行する**蓋然性**は低い。

・その仮説は**蓋然性**に乏しい。

解説

事象が起こる確実性や、知識の確実性の度合いのことを「蓋然性」といいます。「可能性」とも似ていますが、蓋然性の場合には、**物事の確からしさや情報の信憑性**を意味していますので若干意味が異なります。例えば、可能性と蓋然性は次の例文のように使い分けます。

『今後10年の間に沖縄で震度6以上の地震が起こる可能性はあるが、その蓋然性は認められない』

今後10年の間に沖縄で震度6以上の地震が起こる見込みはまったくないわけではありませんから、可能性はゼロではありません。しかし、その確率がまったく無視しても構わないほど低い場合には蓋然性は認められないということになります。このように「可能性があること」と「それが実際に起こりやすいか、確からしいか（蓋然性）」ということは別物です。

日常生活でこの用語は、法律用語として裁判などでよく使われています。例えば、医療ミスが起こった際に「ミスがなければ結果が発生しなかったことが高度の蓋然性をもって認められる」というような形で使われています。

ビジネスシーンや会議の場でも、この蓋然性という言葉を使いこなせるようになれば、会社で一目置かれるようになるでしょう。

経験的確率《けいけんてきかくりつ》・理論的確率《りろんてきかくりつ》

意味

経験に基づいて算出された確率か理論的に求められたものか

・その予測は**経験的確率**に基づくものですか、それとも**理論的確率**に基づくものですか。

・大規模噴火などの自然災害は記録されている例が少ないため、**経験的確率**が算出しにくい。

解説

私たちの身の回りにある確率は、大きく分けて「経験的確率」と「理論的確率」の二つに分けることができます。

経験的確率は、**多数回経験した事象から算出される確率のこと**です。統計的確率とも呼ばれます。

例えば、野球の打率は、実際に打席に立った数と実際にヒットを打った数から計算されます。このように経験的に起こったことを基にして得られた確率が経験的確率です。他にも、タバコを吸った人がガンになる確率や、電化製品の故障率なども過去に起こったデータを基にして算出していることから経験的確率です。

それに対して、**理論的確率**は名前の通り**頭で考えて理論的に計算した確率のこと**です。経験によらず算出できることから数学的確率、先験的確率とも呼ばれています。

つまり、経験的確率が後天的な確率であるのに対して、理論的確率は先天的な確率であるといえます。

経験的確率は、データに由来する誤差やランダムな影響が入ってしまうため、得られる数字も不確かさの幅を持ちます。

例えば、サイコロ投げで1、2、3、4、5、6、それぞれの目が出る確率が等しいと考えて、5の目が出る確率を6分の1と計算するのが理論的確率、たくさんサイコロを振ってみてその結果に基づいて5の目

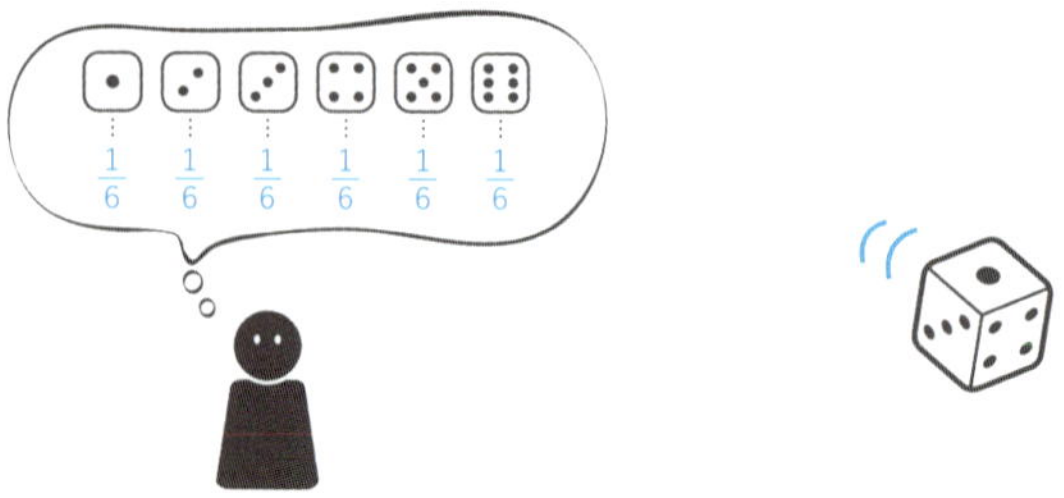

頭の中で理論的に
確率を計算する
＝理論的確率

実際に試した結果から
確率を算出する
＝経験的確率

メカニズムや理論はよくわかっていないがデータはある ⇒ 経験的確率が算出できる

データはないが、理論がある ⇒ 理論的確率が計算できる

理論があるうえにデータもある ⇒ 経験的確率と理論的確率を比較して、理論を確かめることができる

図X. 経験的確率と理論的確率のちがい

が出る確率を算出するのが経験的確率です。理論的確率を算出するうえで、頭で考えたことが正しいかを確かめたいときには、実際にサイコロをたくさん振ってみて経験的確率を算出して、理論的確率と比較してみることで確認することができます。

他にも例えば、地球の比較的近くに地球外生命体が存在する確率も理論的確率です。なぜならこれまでに地球外生命体が発見されたことはありませんから、この確率を経験的に算出しようにもデータがありません。このようにデータがなかったり不足しているときには、理論を立てて理論的確率を求めるよりほかありません。

逆に、ある事象を引き起こす原因やメカニズムがよくわかっていなくて、理論的に確率を求めることができないときには、データから経験的な確率を算出するよりほかありません。

このように二つの確率の性質や長所短所を理解したうえで、どちらがそのときの検討に適しているかを意識することで、より掘り下げた検討ができるようになるでしょう。

母集団《ぼしゅうだん》・標本《ひょうほん》

意味

調査・観察対象となるもの全体とその一部

- コンピュータの演算能力の急速な進歩に伴って、**母集団**をまるごと分析できる時代が到来した。
- 新聞毎に世論調査結果がバラつくのは**母集団**からの**標本**抽出に偏りがあることが原因である。
- **母集団**が小さいからこれは全数調査でもよいのではないか。

解説

調査や観察などの対象となるものの集団全体のことを「母集団」といいます。このときに、調査対象となる母集団をすべて調べる調査のことを「**全数調査**」といいます。例えば、国民全員を調べる「国勢調査」は国民全体を母集団とした全数調査です。

それに対して、調査対象となる**母集団の一部**（標本）を取り出して調べることを「**標本調査**」といいます。テレビ視聴率の調査や街頭アンケートなどの多くがこの標本調査になります。この標本調査で最も重要なことは、調査対象として取り出した標本が「母集団全体の性質をちゃんと代表できる偏りの小さいもの」であることです。例えば、国民を対象とした標本調査を行う際には、政治的な偏り、人種的な偏り、出身地の偏りなどが無いように気を配らなければなりません。

偶然誤差《ぐうぜんごさ》・系統誤差《けいとうごさ》

意味

偶然生じる誤差か否か

・同じ音の録音を繰り返し、重ね合わせることで環境の雑音のような**偶然誤差**を除去することができる。

・日本に来ている外国人にアンケートを取れば、日本に好意的な方向に**系統誤差**が発生してしまうだろう。

・アンケートの質問文の前置きに質問者の憶測が含まれており、誘導質問になっているため、このアンケート結果には**系統誤差**がある。

解説

収集された調査結果と真実との間にあるズレを誤差といいます。この誤差は、偶然生じるものと、データの収集方法が適切でないなどによって系統的に生じるものに大きく分けることができます。

前者は「偶然誤差」と呼ばれるもので、**ランダムな現象や測定器の精度の限界などに起因する**ことからズレの方向が決まっていません。そのため同様の測定や調査を何回も繰り返し、それらの結果の平均を取ることで、誤差の影響を打ち消し結果の精度を上げることができます。例えば、月の写真を綺麗に撮りたいとします。普通に撮ると大気の揺らぎによって像が若干ぼやけてしまいますが、月を連写してそれらの像を重ね合わせれば、大気の揺らぎのような偶然誤差をある程度除去でき、鮮明な像を得ることができます。

後者は「系統誤差」と呼ばれるもので、**データの収集方法が適切でなく標本が母集団全体の性質を代表できていない場合や測定器や測定環境、測定方法に問題がある**ことで発生します。この誤差はズレに一定の方向性があることから、原因やズレの大きさが把握できれば、その影響を取り除くことができます。

系統誤差の原因になりうるものとして「**確証バイアス**」があります。これは、自分が信じている仮説や信念を検証する際にそれを支持する情報ばかりを探し、反証する情報を無視する傾向を表す心理学用語です。例えば、左翼的なメディアが保守政党について街頭インタビューをした際に、その政党についての肯定的なコメントを無視して、否定的なコメントのみを集計した場合、これは確証バイアスになります。

大《たい》数《すう》の法《ほう》則《そく》

意味

数多くの試行を繰り返すことにより、事象の出現回数が理論上の値に近づくこと

・「ギャンブラーの誤り」の背景には**大数の法則**がある。
・**大数の法則**によって保険料は算出されている。

解説

数多くの試行（同じ条件下で行う実験や観測）**を繰り返すことにより、経験的確率が理論的確率に近づくこと**を「**大数の法則**」と呼びます。試行を数多く繰り返すことで、それから算出される経験的確率に含まれる偶然誤差がどんどん少なくなることにより、経験的確率が理論的確率に近づいていくということです。例えば、サイコロを振って3の目の出る確率は、振る回数を増やせば増やすほど6分の1に近づいていきます。

この法則と関連した思い込みとして有名なのが「ギャンブラーの誤り（誤謬《ごびゅう》）」です。これは、実際に観察される経験的確率が理論的確率と異なる場合には、その後に行う試行の結果がこの差異を埋め合わせるはずだ、と思い込むことです。

例えば、細工のないコインを投げて5回連続して表が出た場合に「そろそろ裏が出るはずだ」と期待することが「ギャンブラーの誤り」です。コイン投げのように個々の試行が独立である場合には、次に起こる結果はそれまでの出来事から影響を受けません。それにもかかわらず、大数の法則をもとに、「これまでの経験的確率と理論的確率のズレを埋め合わせるような結果がそろそろ出るはずだ」と考えてしまうわけです。日常生活ではコイン投げのような試行はあまりありませんが、自分の普段の勝率や成功体験を念頭に「今月は負け続けているから、次こそは勝ちが来る予感がする」と考えるのもこの誤りに該当します。

複合事象《ふくごうじしょう》・根元事象《こんげんじしょう》

意味

分解できる事象か否か

・地震と津波の**複合事象**についてどのような対策を考えているのか。

・この統計調査については、一度すべての事象を**根元事象**まで分解して考え直す必要がある。

解説

サイコロを例に複合事象と根元事象について紹介します。サイコロを振ったときに「1か5のうちどちらかが出る事象」は二つの事象「1が出る事象」と「5が出る事象」に分解できます。このように**分解することができる事象のこと**を「**複合事象**」といいます。それに対して、「1が出る事象」や「5が出る事象」のように**これ以上分解できない事象のこと**を「**根元事象**」といいます。

競馬を例にして考えてみると、1着になる馬を当てる単勝は根元事象に対する馬券であり、1着、2着、3着となる馬の組み合わせを当てる3連複は複合事象に対する馬券であるということになります。

他にも例えば、地震は震源によって根元事象にも複合事象にもなります。震源が陸地の直下であれば地震は大地の揺れという根元事象を引き起こすだけですが、震源が海の直下である場合には津波を引き起こし、複合事象にもなり得ます。

また、パソコンのアプリや機能について考える際にも、これらの概念が役立ちます。例えば、音楽関連のソフトウェアや関連フォルダをまとめて開いてくれる「複合事象ショートカット」のような機能があると便利かもしれません（それに対して、現状のパソコンのショートカットは、クリックすると、「ソフトの起動」、「フォルダの表示」といった一つの根元事象しか発生しません）。

暗数《あんすう》

意味

実際には発生しているが、統計調査にカウントされない件数

・地下経済調査の際には、どのように**暗数**を評価するかが鍵となる。
・サイバー犯罪の**暗数**を見積もりたい。

解説

実際に発生しているにもかかわらず、調査が及ばないために統計調査にカウントされない数字のことを「**暗数**」といいます。この用語は主に犯罪統計でよく使われており、実社会で起きている犯罪の件数と警察が認知している件数の差を意味します。

このような差が発生するのは、左記に示す理由などによって、実際には起こっているにもかかわらず、警察に届け出がなされないためです。

- 性犯罪や詐欺の被害に遭ったことを警察に報告するのが恥ずかしい
- 被害金額が少ない、もしくは被害に遭ったことに気づいていない
- 加害者が知人である

犯罪統計を読み解くにはこの暗数を念頭に置かなければなりません。

犯罪以外にも暗数の例はたくさんあります。例えば、市場で取引されていないものは、GDPにカウントされません。具体的には、ボランティアや社会活動（雪かき、環境保全など）、家庭内労働はGDPにカウントされない暗数ですが、社会資本の観点から見ると大変重要な活動です。

軍事費についても、各国が公に発表している数字と実際の費用には差があります。この暗数を推定することが国際情勢でのパワーバランスを読み解くうえで重要になってきます。

有《ゆう》意《い》

意味

単なる偶然や誤差ではない

・ビタミンサプリメントの摂取とガンリスクの間には統計学的に**有意**な差は見出せなかった。

・緑茶を日常的に飲んでいると心疾患、脳血管疾患、呼吸器疾患などによって死亡するリスクが**有意**に低下することがわかりました。

解説

科学系のニュースや記事を読んでいると「**統計学的に有意な**」という言葉に遭遇することがあります。この「有意」という言葉は、確率論・統計学の用語で「**確率的に偶然とは考えにくく、意味があると考えられる**」ことを意味します。

例えば、投薬による治療効果を検証したい場合には、「偽薬を投与した人たち（対照群）」と「効果を確認したい薬を投与した人たち（介入群）」との間で症状が改善した人数を比較して、その差が偶然得られる確率を計算します。この確率が十分に低ければ「偶然とは考えにくい」と考えることができますので、「有意な差が得られた」といえます。

ここでいう「確率が十分に低い」と判断する基準（有意水準）は調査目的や対象によって異なります。一般的には、5％がよく用いられますが、社会科学などでは10％、厳密さが求められる自然科学では1％が用いられる場合があります。

実験計画法《じっけんけいかくほう》

意味

実験の回数を総当たりではなく、数学を上手く使って節約する方法

・この微生物に影響を与える環境因子を調べるために**実験計画法**を使った実験を立案してほしい。

・**実験計画法**を使えば、すべての組み合わせに対する実験データがなくても結論が導き出せる。

解説

様々な要因が結果に及ぼす影響について調査したいときには、要因を組み合わせた実験を行う必要があります。このときに、「**実験計画法**」と呼ばれる方法を使えば、**無駄なく効率的に各要因が結果に及ぼす影響を算出する**ことができます。

家畜を育てるのに適切な環境の組み合わせは？

例として、家畜を育てるのに良い環境を調べる実験について考えてみます。

家畜の育て方が家畜の健康や肉質に与える影響を調べるために、次ページの図Xのように飼育小屋の広さを3パターン（広い、中ぐらい、狭い）、飼料を3種類（A、B、C）、環境音を3パターン（無音、ジャズ、モーツァルト）用意して、飼育環境を変えてみる実験について考えてみます。

これらすべての場合に対して、家畜の成育を観察しようとすると、27種類（3×3×3）の実験が必要になります。

しかし、ここで知りたいのは小屋の広さ、飼料、環境音のそれぞれ三つの要素が家畜に与える影響なので、未知変数は合計9個（3

環境音	飼料	小屋の広さ		
		広い	中ぐらい	狭い
無音	A	○	○	○
	B	○	○	○
	C	○	○	○
ジャズ	A	○	○	○
	B	○	○	○
	C	○	○	○
モーツァルト	A	○	○	○
	B	○	○	○
	C	○	○	○

図 X. 総当たりによる実験

環境音	小屋の広さ		
	広い	中ぐらい	狭い
無音	飼料 C	飼料 B	飼料 A
ジャズ	飼料 A	飼料 C	飼料 B
モーツァルト	飼料 B	飼料 A	飼料 C

図 Y. 実験計画法による実験回数の節約

要素×3パターン）しかありません。そのため、図Yに示しているように第3の要素（図Yでは飼料）が各行および各列に1回だけ現れるような並べ方（ラテン方格）にした9種類の実験を実施することで、9個の独立な方程式を得ることができ、それらの代数計算からそれぞれの要因の影響を算出することができます。

このように実験計画法を使うことで無駄なく効率的に実験を行うことができることから、現在は医学、工学、実験心理学、社会調査などで幅広く応用されています。

GIGO（ガイゴー、ギゴ、ギーゴ）

意味

ゴミを入力すればゴミしか得られない

・事前に質問を用意しないとGIGOになるよ。くだらない質問から有意義な議論は引き出せない。

解説

「**ゴミを入力すればゴミが出力される（Garbage in, garbage out）**」という意味の警句を英語の頭文字を取って「**GIGO**」といいます。読み方は、英国英語では**ガイゴー**、米国英語では**ギゴ**、**ギーゴ**と発音します。方法や技術がいかに正確かつ緻密に作られていても、入力データがいい加減だったり誤りがあったりすると、得られる結果もいい加減で信用できないということを、この用語は意味しています。

例えば、統計調査を行う際に条件や環境をきちんと考慮しないでデータを取得すると、そのデータを基にした統計分析結果は信用できるものになりません。その際に使用する統計手法がどんなに精緻なものでも、結局ＧＩＧＯになってしまいます。

日常生活でも、同様の例をたくさん見つけることができます。

- ダメな脚本から良い映画は生まれない
- つまらない企画書から面白い番組はつくれない
- センスのない設計図から良い製品は生まれない
- くだらない質問では有意義な議論を引き出せない

いい結果を得るためには、前もって周到な準備や推敲が必要であるということを端的に言いたいときにこのＧＩＧＯという用語は大変便利です。

正規分布《せいきぶんぷ》（ガウス分布《ぶんぷ》）

意味

最も一般的でありふれた変数分布

・一億総中流時代の所得の**正規分布**が崩れ、二極化が進んでいる。
・この分布は**正規分布**とはみなせないのではないか。

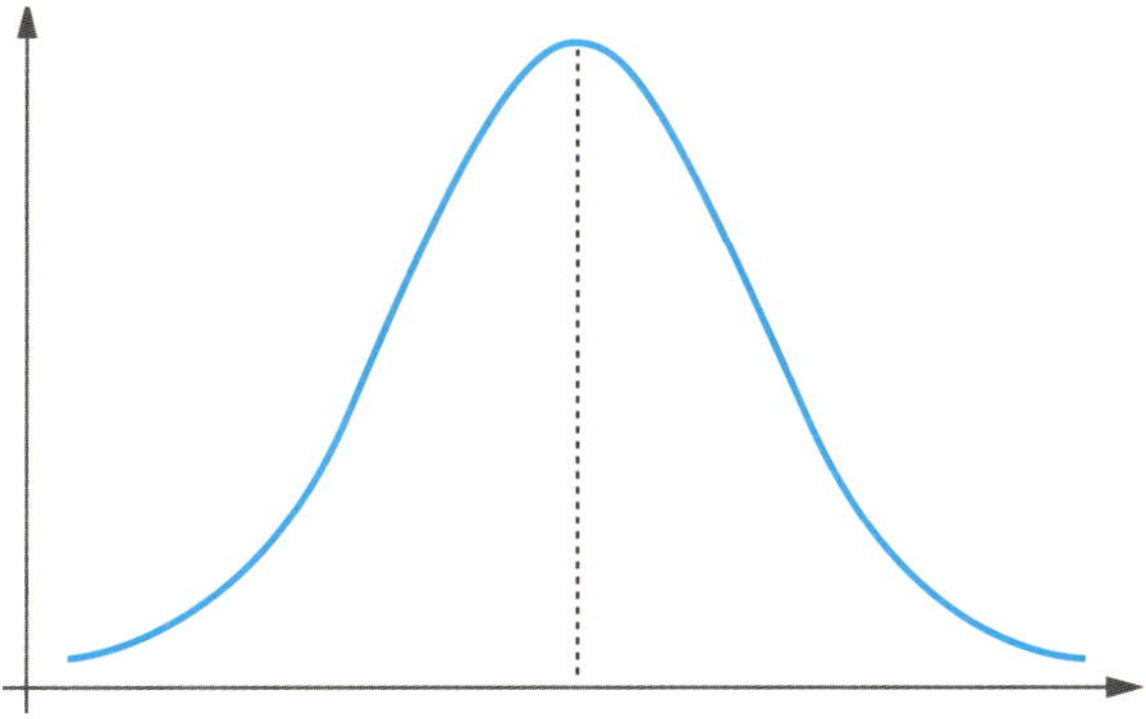

図 X. 正規分布（ガウス分布）

解説

テストの点数分布、男女別の身長分布などを集計すると**平均付近が一番高く、平均から離れるにつれてなだらかに低くなっていく、**図Ｘのような**左右対称な釣り鐘型の分布**になることがあります。このような分布のことを**正規分布**もしくは**ガウス分布**と呼びます。

多くの社会現象や自然現象はこの正規分布に近い形を取ることがわかっています。そのため、統計学や自然科学、社会科学の多くの変数分布が正規分布として近似、モデル化されています。

例えば実験測定における偶然誤差は、一般的に正規分布に従うと仮定されて不確かさ評価が行われています。

ただし、データで下限値や上限値（計測限界、テストにおける０点と１００点など）が予め定まっている場合には、打ち切りを考慮した「切断正規分布」が使われる場合があります。

ガンマ分布《ぶんぷ》

意味

期間μごとに1回くらい起こるランダムな事象がn回起こるまでの時間の分布

・毎日の抜け毛本数からガンマ分布を使って1本の髪の毛が抜ける期間を逆算できないか。

・これから30年間に喪服を着る機会がどのくらいあるか、ガンマ分布から見積もってみよう。

解説

$$f(x) = x^{n-1}\frac{\exp\left(-\frac{x}{\mu}\right)}{\Gamma(n)\mu^n} \quad (x \geq 0) \quad \text{ここで、} \Gamma(n) = (n-1)!$$

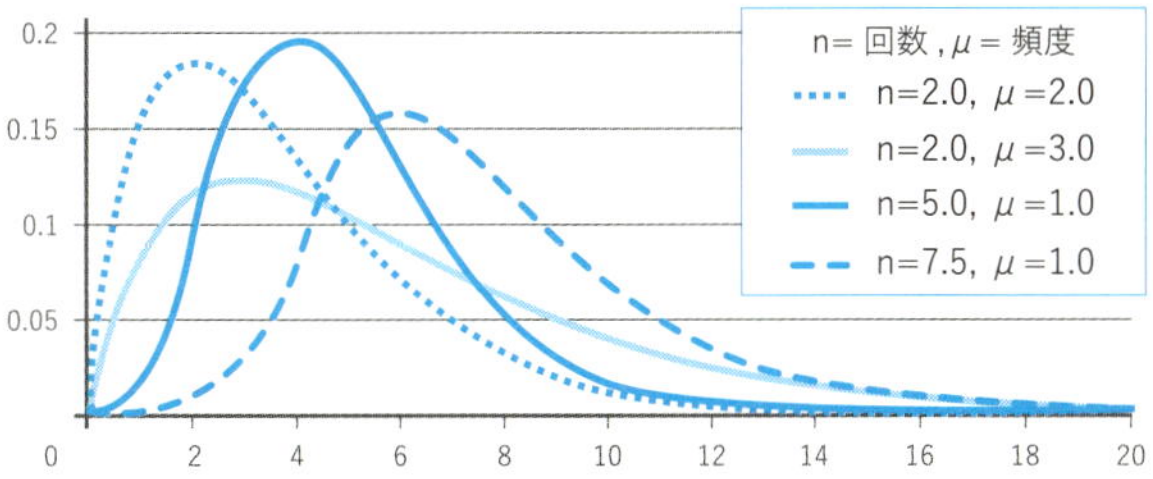

図 X. ガンマ分布の数式とグラフ

期間μごとに1回くらい起こるランダムな事象がn回起こるまでの時間を見積もりたいときには、図Xの数式で表される「**ガンマ分布**」が役立ちます。Γ《ガンマ》（n）はガンマ関数と呼ばれるもので、階乗を一般化したものです。例えば、Γ（4）の場合には3！＝6となります。

この数式のμに頻度、nに回数を入れれば、ランダムな事象がn回起こるまでの時間の分布を求めることができます。例えば「50年に一度の割合でランダムに起こるイベントが2回起こるまでに何年ぐらいかかりそうか」という問題にはμに50、nに2を代入したガンマ分布を使えば時間分布を算出することができます。指数関数（exp）を計算するには関数電卓を使う必要がありますが、Excelにはガンマ分布を計算してくれる関数（GAMMA.DIST）がすでに実装されていますので、これを使うことで分布の計算やグラフの描画が自動で行えます。

ちなみに、このガンマ分布は日常生活の中で、製品部品の寿命やウイルスの潜伏期間などの算出によく応用されています。

移動平均法《いどうへいきんほう》

意味

グラフのトレンドを知りたいときに便利な手法

・株価が**移動平均線**を下回ったら買いのタイミングで、上回ったら売りのタイミングなんだ。

・100日**移動平均法**で見てみれば、この店の売り上げは狭義の増加を続けている。

解説

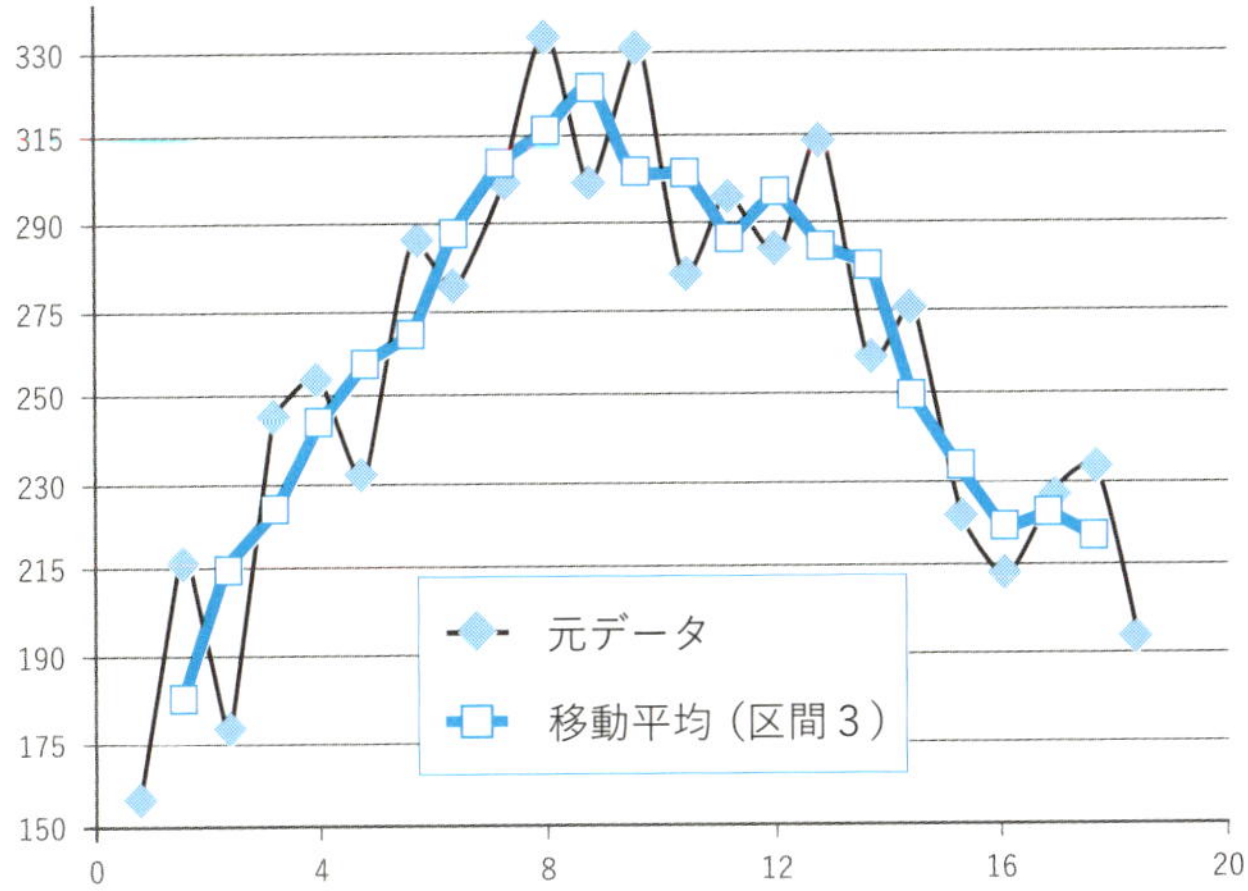

図X. 時系列データ（黒線）とその移動平均線（青線）

図Xの黒線のような時系列データ（株価、気温、市場価格など）があったとします。

時系列データは一般的に、長期的な変動に循環的な変動やランダム事象に起因する不規則な変動などが含まれています。ここで「移動平均法」と呼ばれる方法を使うと、このような**時系列データから循環的、不規則的な変動部分をある程度除去でき、その背景にある長期的、趨《すう》勢《せい》的な動向を読み取ることができる**ようになります。

移動平均法では、次ページの図Yのように時系列データに対して、直近のデータの平均を計算して新しいデータとすることで、もとのデータの傾向を残したまま、ある程度滑らかな時系列データを得ることができます。

図Xの時系列データ（黒線）は「時間の経過につれて値が上昇し、ある点で一度ピークを迎え、その後低下し

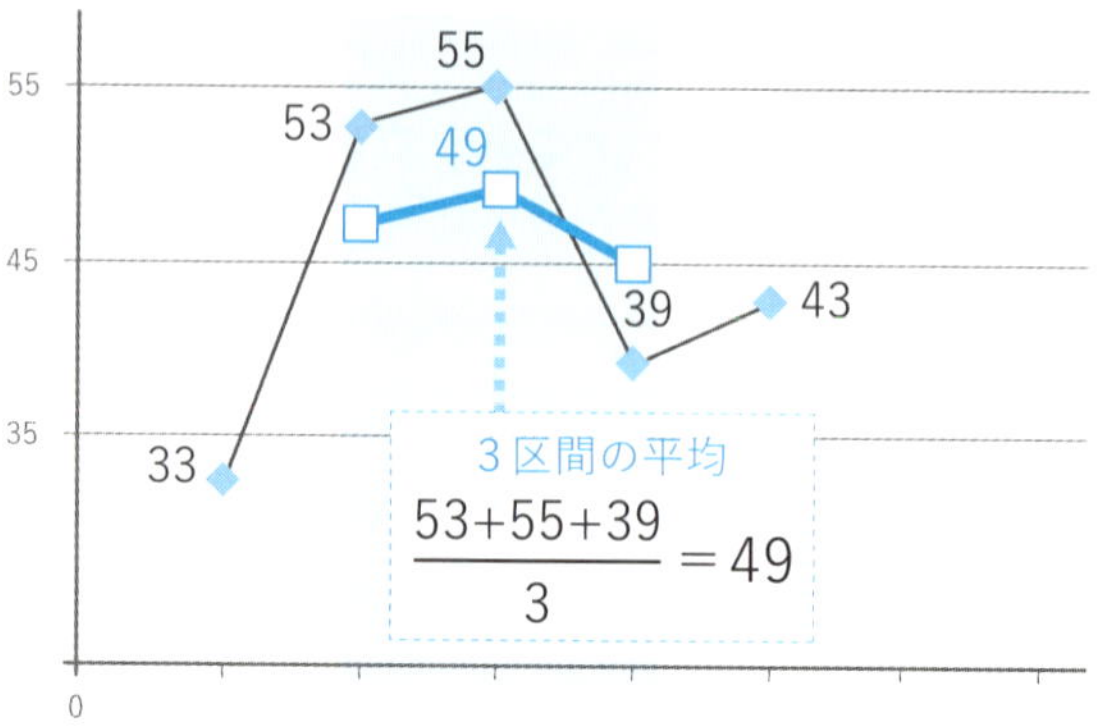

図Y. 区間数が3のときの移動平均

ていく傾向を持っているように見えますが、短期的に値がアップダウンを繰り返しているため、どのあたりが峠なのかがよくわかりません。しかし、青線のように移動平均を取ることで、こうした短期的な変動を平滑《へいかつ》化することができます。

図Xの青線は区間数が3の移動平均線で、直近の隣り合う二つのデータと合わせて平均を取っていますが、移動平均を取る幅を拡げることもできます。移動平均を取る幅を拡げるほど、移動平均後のデータはより滑らかになりますが、もとのデータの特徴が薄れていきますので、目的に応じて移動平均を取る幅を調節する必要があります。

例えば、金融の世界では株価の流れやトレンドの転換点を見つけるために、「**5日移動平均線**」、「**25日移動平均線**」、「**75日移動平均線**」などがよく使われています。実は移動平均法には、ここで紹介したような、すべてのデータを平等に扱って平均値を計算する移動平均以外にも様々な種類のものがあります。そのため、単純にデータの平均値を計算する移動平均は「単純移動平均」と呼ばれています。

これに対して、直近のデータの動きを重視し、過去のデータの動きを若干軽視することで、将来の株価などをより精度良く予想するために考えられたのが、「加重移動平均」や「指数平滑移動平均」です。

加重移動平均は、個々のデータに対する重み付けを線形に減少させて、平均値を計算します。例えば、3日加重移動平均は、当日のデータを2倍し、その前後の日のデータを1倍し、合計を4で割ることで算出します。

また、指数平滑移動平均は、個々のデータに対する重み付けを指数関数的に減少させて、平均値を計算します。

金融以外でも、デパートの売上高や農作物の生産量などのように景気や気候変動に左右される時系列データの趨勢的な動きを把握する際にも、これらの移動平均法は非常に有用です。

トリム平均《へいきん》（調整平均《ちょうせいへいきん》）

意味

極端な値を取り除いて求める平均値

・極端な評価による影響を避けるため、本や映画のレビューにも**トリム平均**を導入すべきだ。

・億万長者やホームレスのような極端な場合を除いた年収の**トリム平均**が知りたい。

解説

データから平均値を計算しようとする際に、**あまりに特殊な場合や測定ミス、入力ミスなど、明らかに母集団の性質を代表していないデータ**については、除外した方が妥当な平均値を得ることができます。このように、**外れ値の悪影響を除去して算出する平均値のこと**を「**トリム平均**」といいます（もしくは**調整平均**、**刈り込み平均**ともいいます）。ちなみにこの「トリム（trim）」とは、ペットのトリマーでもお馴染みの「切り取る」という意味です。

トリム平均では、データ全体のうち最小値や最大値をどの程度取り除いて平均を算出したかを、取り除いたデータの個数の％で表示します。例えば100個のデータの「10％トリム平均」は、最小値側と最大値側からそれぞれ5個のデータを除いた90個のデータから算出した平均値になります。

日常生活では、例えばフィギュアスケートやシンクロなどのスポーツにおける審判員の主観的評価（技術点や芸術点）による極端な評点の影響を取り除くためにこのトリム平均が使われています。

中央値《ちゅうおうち》・最頻値《さいひんち》

意味

分布の特徴を代表する値

・この製品の平均購買層をターゲットにするのではなく、むしろ**最頻**購買層をターゲットにすべきだ。

・二人以上の世帯における貯蓄額分布を代表する値として、平均値ではなく、むしろ**中央値**を参考にした方が庶民感覚に近い。

解説

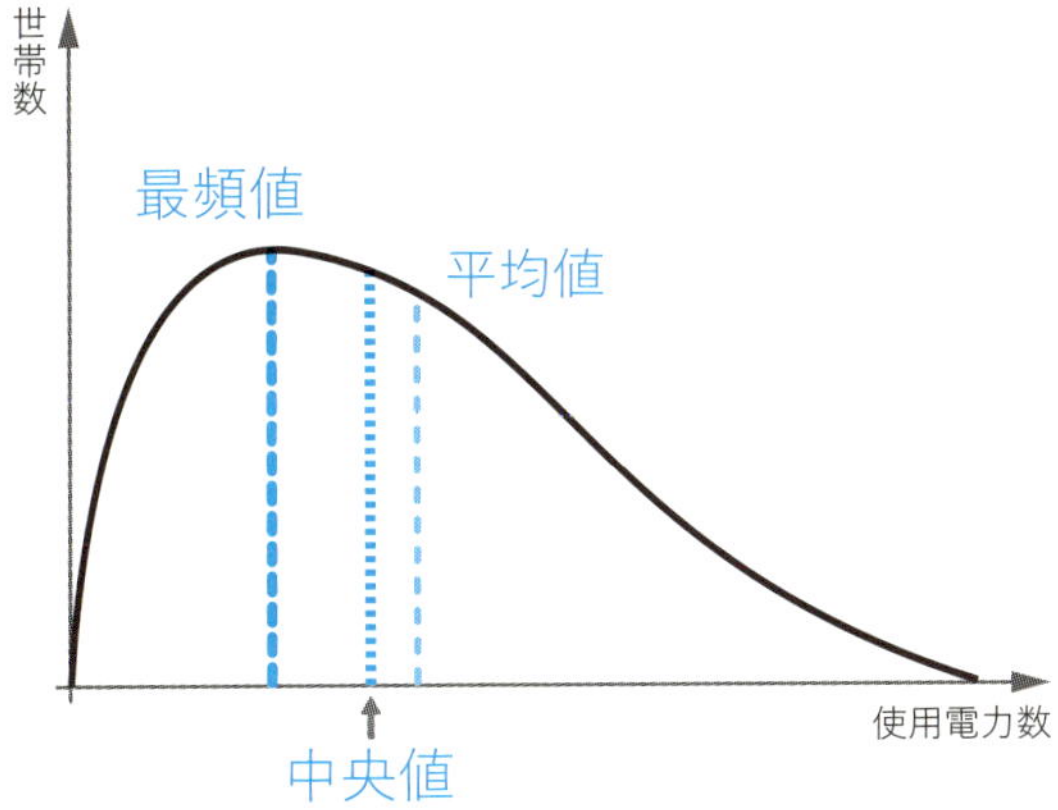

図 X. グラフ上の平均値、中央値、最頻値

図Xのようなデータ分布を例に、**中央値**と**最頻値**について紹介します。話をわかりやすくするため、図Xは、住宅当たりの年間電気使用量だとします。

データ分布の横軸は左側ほど年間の電気使用量が少なく、右側にいくほど使用量が多くなります。別荘のように普段ほとんど利用することがない住宅は左側に分布しています。最近は一人暮らしをしている人の割合が多いことから、データ分布は左側に偏っています。

また、核家族化が進み、大家族が少なくなっていることから、一つの住居でたくさん電気を使用する家庭は少なくなっています。そのため、データ分布の右側の厚みが少なくなっています。

この**データ分布でピークとなっている値のこと**を「**最頻値**」といいます。今回の例では、最も件数の多い電気使用

グラフ・代数
論理・集合
幾何学
4章　確率・統計学
ゲーム
単位・尺度

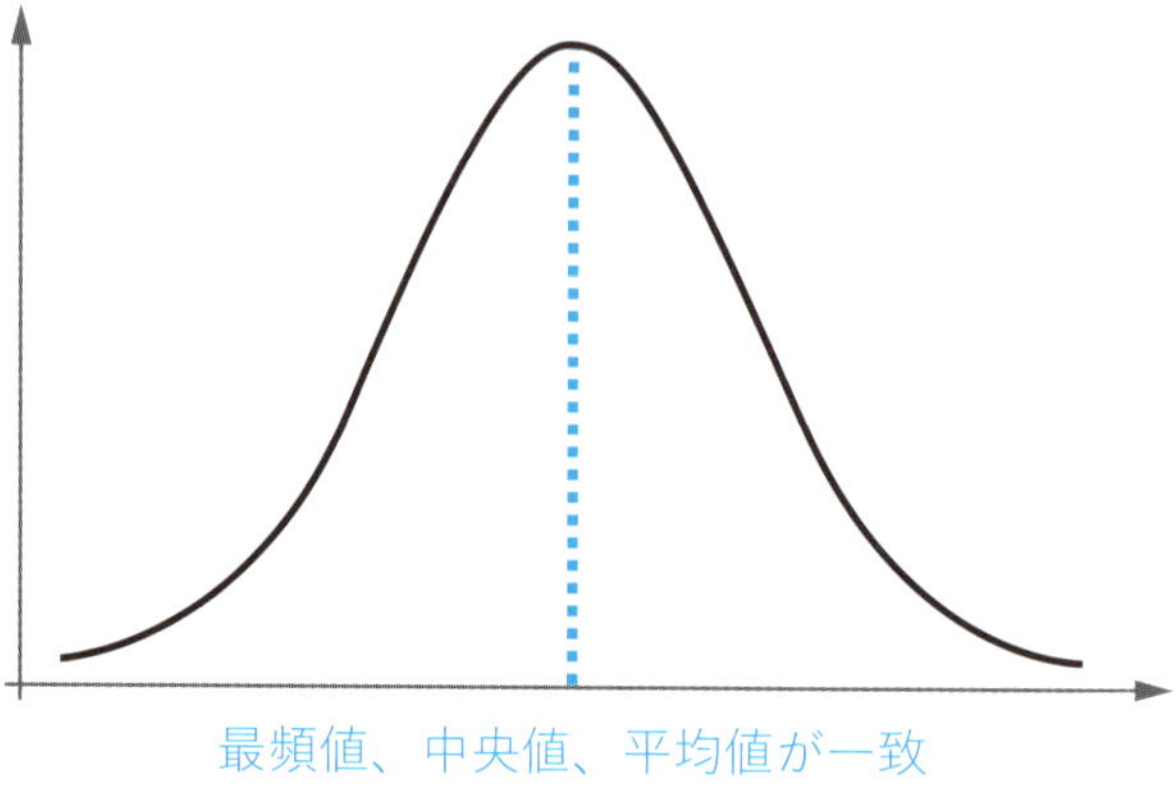

図Y. 分布が左右対称な場合の平均値、中央値、最頻値

量に相当します。また、**データを小さい方から並べたときに、真ん中に来るもののこと**を「**中央値**」といいます。

　前ページの図Xに、データ分布の中央値、最頻値、平均値（算術平均値）をそれぞれ示しています。データ分布が図Yのように左右対称である場合には、平均値、中央値、最頻値は等しくなります。

　このデータ分布を代表する値はこれら三つの数値のうち、どれでしょうか。これについては、データの種類によって判断する必要があります。

　例えば、算術平均値はすべてのデータからの影響を考慮している値ですが、他の値から大きく離れた「外れ値」がデータに含まれていると、その影響を大きく受けてしまうという特徴があります。それに対して「最頻値」は集計区間の決め方で結果が変わってしまうという特徴があります。

また、データ数が少ないと「3回しか出現していない値」が最頻値になってしまうことがあり、その値を分布の代表値とみなしてしまうことが適切ではない場合もあります。

以上のように、データ分布を代表する値は三つあるということを頭に入れておくことで、統計データについて少し踏み込んだ議論が可能になるでしょう。

分散《ぶんさん》・標準偏差《ひょうじゅんへんさ》・変動係数《へんどうけいすう》

意味

データの散らばり具合

- それぞれの工場で生産されているビールのバラつきを確認するために、成分の**変動係数**を算出してほしい。
- 男女の平均能力は等しいが、男性は女性より個人の能力の**分散**が大きい。

解説

$$\text{a. 分散} = \{(X_1-\overline{X})^2+(X_2-\overline{X})^2+\cdots+(X_n-\overline{X})^2\}\div n$$

$$= \frac{1}{n}\sum_{i=1}^{n}(X_i-\overline{X})^2$$

ここでnはデータ数、$\overline{X}$はデータの平均値

$$\text{b. 標準偏差} = \sqrt{\frac{1}{n}\sum_{i=1}^{n}(X_i-\overline{X})^2}$$

c. 変動係数 ＝ 標準偏差 ÷ 平均（$\overline{X}$）

図X. 分散、標準偏差、変動係数の求め方

ある工場で生産されている部品や製品がどれだけ精度良く作られているのかを知りたいときには、これらを測定してその測定データがどれだけバラついているかを評価する必要があります。このような**データ分布のバラツキの大きさを評価したいとき**には「**分散**」という統計量が役立ちます。

この分散は図Xのaに記載されている計算式によって算出します。図Xのaにある$X_1, X_2, \cdots\cdots, X_n$はそれぞれの測定データを表しており、nがデータの数を表しています。また、これらのデータから計算された平均値をXの上に棒をつけた記号で表しています。

分散は、それぞれの測定データとこれらの平均値の差(偏差)の自乗を計算し、最後にそれらの算術平均を計算することで算出します。これにより、それぞれのデータが

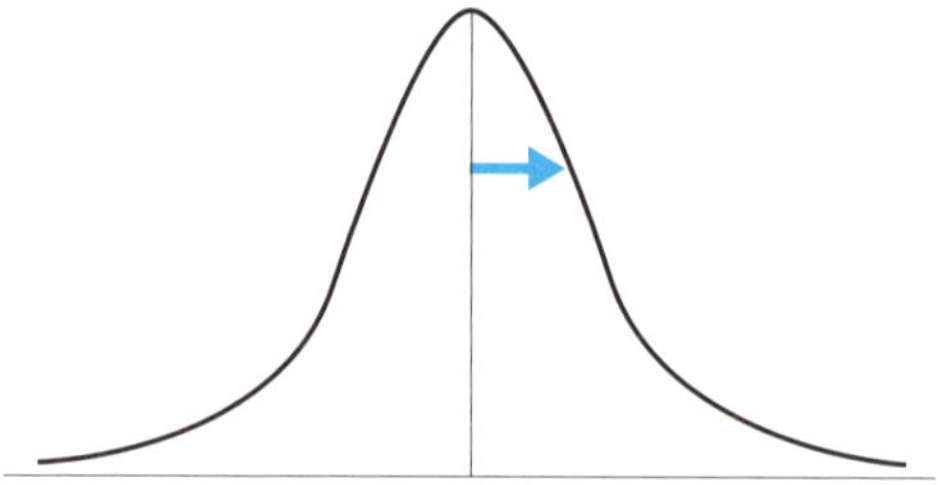
標準偏差が小さい
＝データのばらつきが小さい

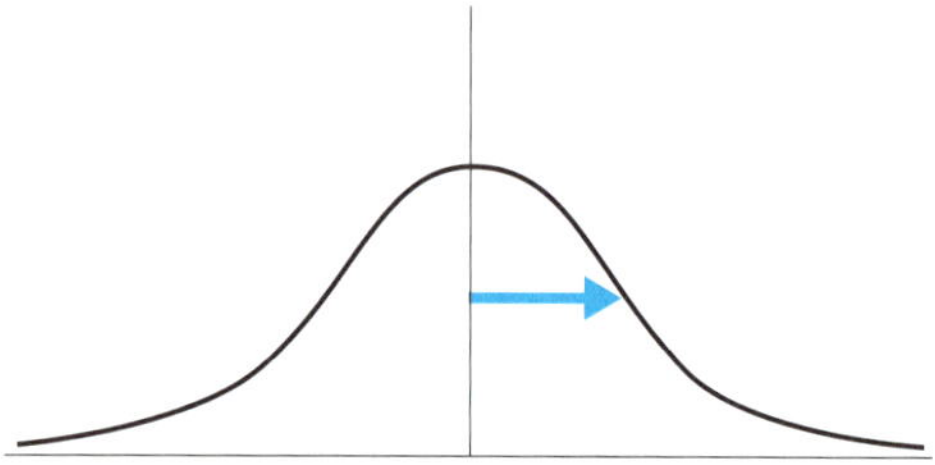
標準偏差が大きい
＝データのばらつきが大きい

図Y. 分散と標準偏差のグラフ

平均からどれだけバラついているかを評価します。

ちなみに、データが母集団の場合にはその分散を「母分散」と呼び、母集団から抽出した標本の場合には「標本分散」と呼びます。

統計学では、この分散の正の平方根を取った「**標準偏差**」という統計量もよく使われます（図Xのb）。

また、この**標準偏差をデータの平均値で割ることで異なる二つのデータのバラツキ度合いを比較することができる**「**変動係数**」という統計量を得ることができます（図Xのc）。

標準偏差を平均値で割り、平均に対

するデータの相対的なバラツキに換算することで、異なるデータ同士のバラツキの大きさを比較できるようになるのです。そのため、変動係数は、「相対標準偏差」とも呼ばれています。

日常生活では工場における製品管理だけでなく、採れた農作物や試験の点数のバラツキ、実験データにおける測定の正確さの把握などにこれらの概念が応用されています。

相関《そうかん》

意味

二つのものに関連性があり、一方が変化すれば他方も変化する

・大規模な調査を行ったが、結局血液型と性格の間には有意な相関が認められなかった。

・相関の錯覚によって多くの迷信やジンクスが生まれてきた。

解説

二つのデータを図Xのような散布図で整理してみたときに、**二つのデータの間に直線的な関係がある場合**には、そのデータの間に「**相関**」**がある**といいます。

例えば、「年収が高い家庭ほど子どもの学力が高い」「チョコレートの消費量が多い国ほどノーベル賞受賞者を多く輩出している」「遠くにある星ほど地球から速く遠ざかっている」などです。

図Xの上図のような右上がりの散布図のように、片方の量が増えるほど、もう片方の量も増える傾向にある場合には二つのデータの間に「**正の相関がある**」といいます。逆に、図Xの下図のような右下がりの

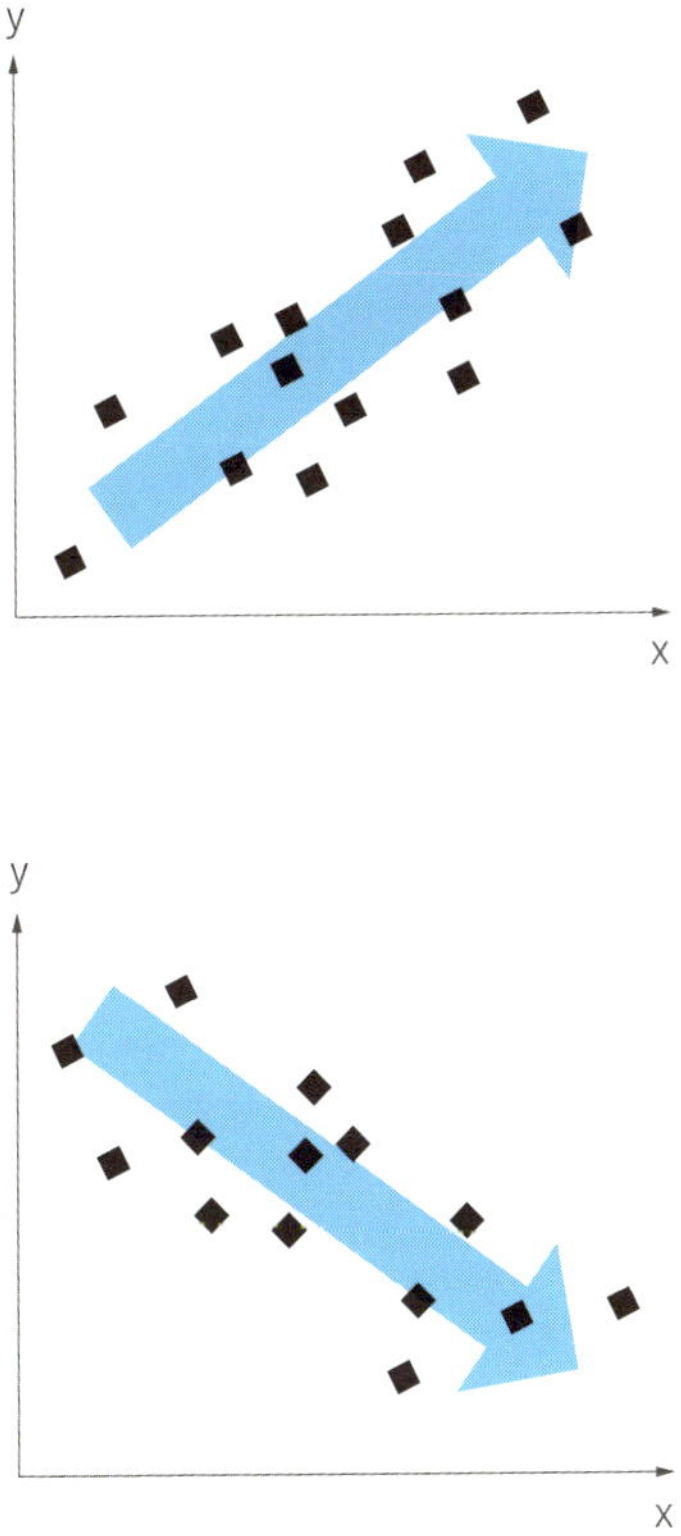

図X. 正の相関（上）と
負の相関（下）

相関係数 r

= 共分散 ÷ (データAの標準偏差 × データBの標準偏差)

$$= \frac{\frac{1}{n}\{(X_1-\overline{X})(Y_1-\overline{Y})+\cdots+(X_n-\overline{X})(Y_n-\overline{Y})\}}{\frac{1}{n}\sqrt{(X_1-\overline{X})^2+\cdots+(X_n-\overline{X})^2}\sqrt{(Y_1-\overline{Y})^2+\cdots+(Y_n-\overline{Y})^2}}$$

図Y. 相関係数の計算式

散布図のように、片方の量が増えるほど、もう片方の量が減る傾向にある場合には二つのデータの間に「**負の相関がある**」といいます。

二つのデータの間で、どのぐらい相関があるかを定量的に算出したい場合には「**相関係数**」を計算します。この相関係数は図Yに示す計算式で算出します。ちなみに、この式で出てくる「共分散」とは、二つのデータそれぞれの偏差を掛け合わせたものの平均です。

これによって算出した相関係数はマイナス1からプラス1の間の数値になります。プラス1に近いほど正の相関が強く、マイナス1に近いほど負の相関が強いことを表しています。また、相関係数がゼロに近いほど「相関がない」ことを意味しています（表X）。

以上のように、データ間の相関係数を求めた際には、求めた相関係数が有意か、有意ではないかをチェックする必要があり

相関係数 r の値	相関
- 1 ≤ r ≤ -0.7	強い負の相関
-0.7≤ r ≤ -0.4	負の相関
-0.4≤ r ≤ -0.2	弱い負の相関
-0.2≤ r ≤ 0.2	ほぼ相関なし
0.2≤ r ≤ 0.4	弱い正の相関
0.4≤ r ≤ 0.7	正の相関
0.7≤ r ≤ 1	強い正の相関

表X. 相関係数の値と相関（目安）

ます。つまり、求めた「相関係数」が統計的に意味がある数字なのか、あるいはデータ数が十分でなかったりして、偶然に相関係数が大きい値を取っただけなのかを明確にする必要があります。そのため、本書では詳しい説明は割愛しますが、求めた相関係数が有意かを判断するために「無相関検定」と呼ばれる検定が必要になります。

交絡《こうらく》

意味

二つの変数の両方に相関がある「外部因子」が存在する

・母乳で育てた方が哺乳瓶で育てるよりも子どもの脳の発達に好影響を与えると結論づける前に、親の運動習慣、育児休暇取得期間、社会経済的地位、喫煙・飲酒習慣などの**交絡因子**の影響を考慮しなければなりません。

解説

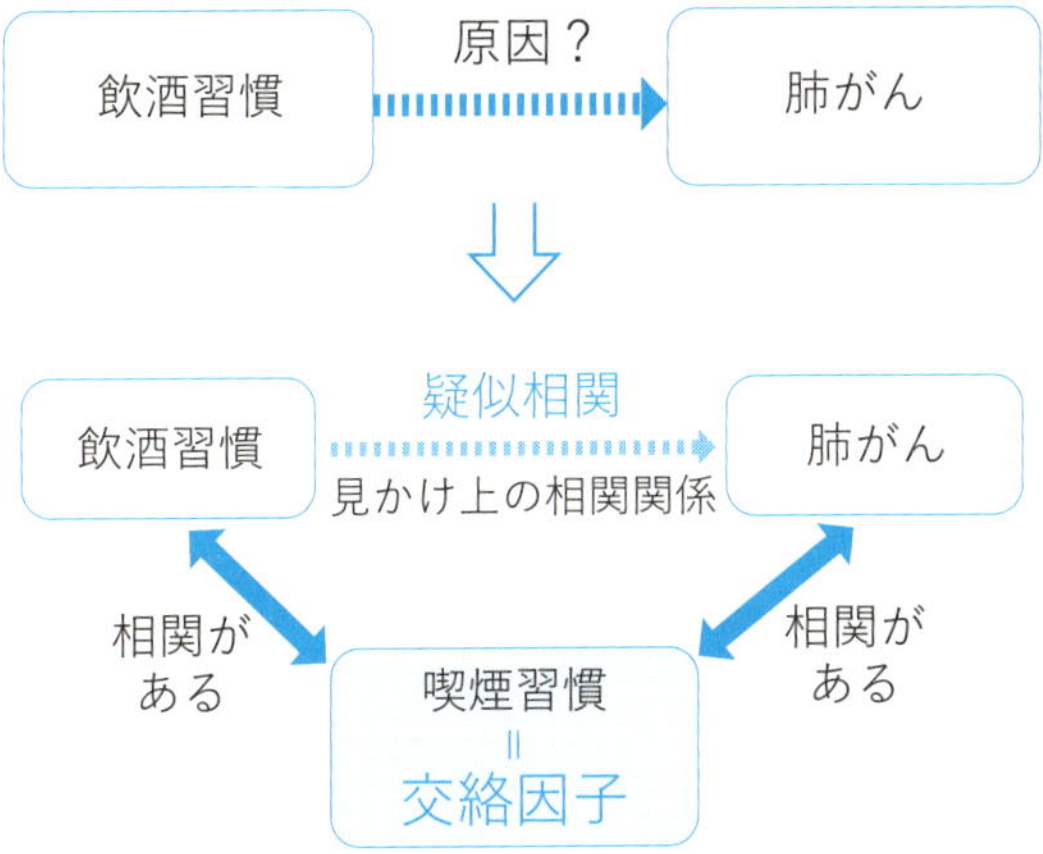

図X．交絡・疑似相関

飲酒習慣と肺がんの間には相関があることがわかっています。つまり、飲酒習慣のある人とない人では、飲酒習慣のある人の方が肺がん発生率が高いのです。しかし、これは飲酒習慣がある人に喫煙者が多いことが原因で、喫煙の有無を考慮に入れて肺がん発生率を比べると、飲酒習慣と肺がん発生率の間には相関がなくなります。

以上の議論を図Xに整理しています。飲酒習慣と肺がんという二つの変数の両方に相関がある「喫煙習慣」という因子があるために、お酒が肺がんを引き起こす原因であるように見えてしまうのです。

このように、**二つの変数の両方に相関がある「外部因子**（この例では喫煙習慣）**」が存在すること**を**交絡である**といい、この外部因子のことを「**交絡因子**」、「**交絡変数**」もしくは「**潜伏変数**」と呼びます。

データを分析し相関関係を抽出した後には、「何か別の因子が交絡因子になっているのではないか」と疑ってみるとよいでしょう。参考までに他の交絡因子の例を列挙にて紹介します。

- 国の一人当たりのチョコレートの年間消費量とノーベル賞受賞者数の間に相関があったとしても、その国の一人当たりのGDPが交絡因子になっているだけかもしれない。
- 子どもの学業成績と家の蔵書量の間に相関があったとしても、その子どもの親が教育熱心であるということが交絡因子になっているだけかもしれない。
- ある市町村での犯罪発生件数と警察官の数の間に相関があったとしても、その市町村の人口密度が交絡因子になっているだけかもしれない。

また、今回の例のように、飲酒習慣と肺がんの間には**因果関係がないのに、見せかけだけの相関関係が見られること**を「**疑似相関**」といいます。このような例としてジンクスがあります。面白いジンクスに、クラシック音楽の世界には「交響曲第9番を作曲すると死ぬ」というものがあります（「第九の呪い」）。これは、ベートーヴェン、ブルックナーなどのクラシック音楽の主要な作曲家が交響曲第9番の作曲の前後で死去したことに由来していますが、当然科学的な根拠がなく、このジンクスとは無縁で10番以降の交響曲を完成させている作曲家がたくさんいます（モーツァルト、ハイドン、ショスタコーヴィチなど）。

他にも「ジブリの呪い」という有名なジンクスがあります。ジブリ映画が金曜ロードショーで放送されると、東京市場の為替相場で円高が起こり、株価が下落するというものです。その中でも米国雇用統計が発表される日と、金曜ロードショーでジブリ映画が放映される日が重なる日は、特にこのジンクスが発生する確率が高くなるようで、２０１０年からの３年間に米国雇用統計の発表と金曜ロードショーにおけるジブリ映画の放送日が重なった日に限定すると、約90％の確率でジブリの呪いが的中していたそうです。

こういったジンクスを偶然や迷信だと切って捨てることもできますが、このようなパターンが広く認識されると、それを見込んだ投資行動を取る人が無視できないほどに増えるため、まったくの偶然とはいえなくなる場合があります。

因子分析《いんしぶんせき》

意味

多くの変数間の相関関係を集約して、できるだけ少ない潜在的な因子に集約するための手法

・運動能力やスポーツ能力に対して探索的**因子分析**を行うことで瞬発力、持久力などに相当する潜在的な因子が見つかるはずだ。

・顧客アンケートを**因子分析**したところ、顧客のニーズの背景には三つの潜在的な因子があることがわかりました。

解説

様々な変数（計測データなど）の間の相関関係から、**その背後に共通して存在する潜在変数をあぶりだして、できるだけ少ない「潜在的な因子」に集約する手法**を「因子分析」と呼びます。

この因子分析のうち、事前にある程度、因子に関する仮説を持っていて、その仮説とする因子構造が正しいといえるか否かを検証する場合には、これを「確認的因子分析」もしくは「検証的因子分析」と呼びます。それに対して、因子や因子と変数の関係性について事前に仮説や先入観を持たずに、データに基づいて因子をあぶりだしていく場合には、これを「探索的因子分析」と呼びます。

因子分析の例として、人の性格を表す五つの因子、**ビッグファイブ**があります。これは、様々な人にその人の性格を尋ねるような質問をしたときの回答を因子分析した結果、抽出された因子です。「旅行が好き」「友達が多い」「ギャンブルが好き」「アウトドア派だ」「美術館が好き」「新しいガジェットにはすぐに飛びつく」のような何百もの質問に対する回答とそれらの相関関係について因子分析を行った結果、人の性格は最終的には五つの潜在的な因子に集約できることがわかったのです。その五つの因子とは、「外向性」「精神的安定性」「誠実性」「協調性」「経験への開放性」です。

「外向性」は、社交性や明るさ、活動性、積極性を表しており、この因子が強いほど、その人の関心が自分の内的精神世界ではなく、外側に向けられている傾向にあります。

「精神的安定性」は、環境刺激やストレスに対する敏感さ、不安や緊張の強さを表しており、この因子が強いほど不安やイライラが起こりにくく、鬱になりにくい傾向にあります。

「誠実性」は、セルフコントロールや達成への意志、真面目さ、責任感の強さを表しており、この因子が強いほど計画性、責任感、勤勉性、忍耐力が強い傾向にあります。

「協調性」は相手への信頼、従順さ、共感、利他主義、思いやりがあるなどの特徴を表しており、この因子が強いほど、共感能力が高く他者への配慮ができる傾向にあります。

「経験への開放性」は知的好奇心、新しいものへの親和性、幅広い興味、妄想力、審美眼の強さを表しており、この因子が強いほど新しいものや美しいもの、知的なものに惹かれやすい傾向にあります。

人の知能に対しても因子分析が進められており、その集大成であるキャッテル・ホーン・キャロルのCHC理論によれば、知能因子は三つの階層に整理することができるそうです。すべての知的能力に関わる一般知能という因子が最上位（第三層）にあり、その次の第二層には16の知能因子が確認されています。詳しい解説は、紙面の都合上割愛しますが、おおまかにどんなものがあるのかを列挙にて紹介します。

1. 流動性知能（新しい問題を解決するための高度な知的能力）
2. 結晶性知能（学習により得た情報の幅や深さを表す能力）
3. 特定領域での一般的知識（地理の知識、コンピュータを使う能力、身振りの知識等に関わる能力）

4. 短期記憶（数分前の出来事の記憶力等に関わる能力）
5. 長期記憶と検索（連想記憶、語の流暢さ等に関わる能力）
6. 認知的処理速度（知覚速度、読書速度、筆記速度等に関わる能力）
7. 決断／反応速度（単純な問題の正否を素早く判断する能力）
8. 量の知識（数学的知識、数学の成績に関わる能力）
9. 読み書き（読書力、わかりやすく書く能力等に関わる能力）
10. 視空間能力（視覚的なイメージを記憶したり、頭の中で操作する能力）
11. 聴覚的処理（音楽の音色、音声のパターン等を判断する能力）
12. 臭覚能力（臭覚記憶、臭覚の感受性に関わる能力）
13. 触覚能力（触覚の感受性に関わる能力）
14. 精神運動速度（意識的にコントロールしなくとも、指、腕、脚などを素早く滑らかに動かす能力）
15. 精神運動能力（指や手の器用さ、照準を定める能力、身体のバランス感覚等に関わる能力）
16. 運動感覚能力（運動に関わる能力）

このように因子分析を行うことで、膨大なアンケート結果やデータの背後に潜む「潜在的な因子」について考究することができるようになります。

データマイニング

意味

大量のデータから有意義な知識を取り出す

・どんな人が3年以内に離職しやすいのかを、データマイニングで洗い出そう。
・データマイニングで犯罪を未然に防ぐ「予測警備」を日本でも導入すべきだ。
・データマイニングの結果、競走馬の左心室と脾臓の大きさが戦績、賞金と密接に結びつく要素であることが判明した。

解説

大量のデータ（ビッグデータ）を統計学、パターン認識、人工知能などのデータ解析の手法を使って分析することで、その中に潜んでいる有意義な知識を取り出すことを「データマイニング」といいます。有意義な知識とは、例えばビジネスやサービスなどで役に立つ関係性や規則性のことです。

例えば、「**アソシエーション分析**」と呼ばれるデータマイニングの手法では、「どの商品とどの商品が一緒に買われているのか」といった商品購入の関係性を見つけ出すことができます。これを利用して、大手ネット通販では、ある商品を購入した人にオススメ商品を紹介することで、追加の買い物をしてくれるように仕向けています。

また、「**クラス分類**」と呼ばれる手法では、分類基準がわかっているデータの中に規則性を発見し、判別や予測を行うことができます。この手法によって例えば、「離反しない顧客と離反しかけている顧客を見分けるためには、顧客のどのデータに着目すればよいのか」、「顧客が離反しないようにするには、どのタイミングでどのようなサービスを行うことが効果的なのか」などを明らかにすることができます。

一方、分類基準がわかっていないデータに対して、データの類似性を分析することで、いくつかのグループに分類する手法を「**クラスタ分類**」といいます。例えば、野村総合研究所オタク市場予測チームは、アンケートの調査結果からオタクの行動特性を分析したところ、（1）他人に良さを理解してほしいと思う

「共感欲求」、（2）何でもそろえたいと感じる「収集欲求」、（3）自分の意見を広めたいという「顕示欲求」、（4）自分なりの考えを持ちたいという「自律欲求」、（5）オリジナル作品を作ったり、改造したりする「創作欲求」、（6）気の合った仲間にだけわかってもらえばいいと考える「帰属欲求」という六つの欲求が抽出できることを発見しました。この六つの欲求のそれぞれの濃さから同チームは、オタク層を以下の5種類にクラスタ分類しています。

・家庭持ち仮面オタク（全オタク中25％）
・我が道を行くレガシーオタク（同23％）
・情報高感度マルチオタク（同22％）
・社交派強がりオタク（同18％）
・同人女子系オタク（同12％）

このようにデータを分析することで、顧客をいくつかのグループに分けて考えることができるようになり、特定のグループをターゲットとしたビジネス戦略を立てることが可能になります。

また、近年では日本放送協会（ＮＨＫ）が、日本人の生活に関する膨大なデータに対してデータマイニングを行うことにより、日本が直面する課題の解決策を探るシリーズ「ＡＩに聞いてみた」を放送しています。本番組では、日本全国で人々の食生活や趣味、家族関係、地域環境などに関する多種多様な質問、約600問に回答してもらった41万人の10年以上にわたる追跡調査データに対して、統計手法を駆使することで、様々な提言を引き出しています。

例えば、データマイニングによって回答の中の健康要素と繋がりが多い要素をあぶり出した結果、「本や雑誌を読む」という項目がダントツで純度の高い健康要素であることが明らかになりました。具体的には、この項目が119個もの健康要素とつながっていたのに対して、不健康要素とはまったくつながっていなかったのです。

他の健康要素である「野菜や果物を毎日2回以上食べる」という項目は、99個の健康要素とつながっていましたが、6個の不健康要素とも関連がありました。また、「スポーツグループに週1回参加」という項目は、不健康要素とはつながっていなかったものの、39個の健康要素としかつながっていませんでした。

番組の中で、近藤克則教授は「本や雑誌を読むことが行動を起こすきっかけを与えてくれるのではないか」と推測しています。

マルコフ過程《かてい》

意味

未来の挙動が現在の値だけで決定され、過去の挙動と無関係な確率過程

・過去のことをよく学ぶ必要があるのは、現代社会の現象のほとんどがマルコフ過程ではないからだ。

・株価の変動はマルコフ過程なのでしょうか？

解説

未来の挙動が現在の値だけで決定され、過去の挙動と無関係であるという特性を「**マルコフ性**」と呼び、そのような過去の記憶を持たない確率過程のことを「**マルコフ過程**」といいます。

ランダムな過程は過去の挙動とは無関係であることからマルコフ過程であるといえます。

例えば、じゃんけんは相手が過去に出した手を知っていても、次に出すべき手の参考にはほとんどならないため、マルコフ性を持っています。また、宝くじを買うときに「過去にどの番号が当選したのか」、「過去にどの宝くじ売り場から当選が出たのか」という情報は、当たりを引くうえでまったく参考になりません。当選番号を決める過程がランダム過程であるために、宝くじも過去と無関係なマルコフ過程になっているからです。

マルコフ性を拡大解釈すれば、人間の性格を表現するときにも使えそうです。例えば、過去に起こったことをいつまでも根に持つ人のことを「**非マルコフ的**」と言い表すのはどうでしょうか。逆に、過去のことをほとんど気にせず、日によって機嫌がリセットされるような人はマルコフ的であると表現できそうです。

ロングテール

意味

ニッチな商品を取り揃えることで、顧客の総数・売り上げを増やす手法

・インターネットはコンテンツが豊富だから**ロングテール**で勝負できる。一方、テレビは放送時間の関係上、用意できるコンテンツの量が制限されている。これがテレビ離れの主要因なのではないか。

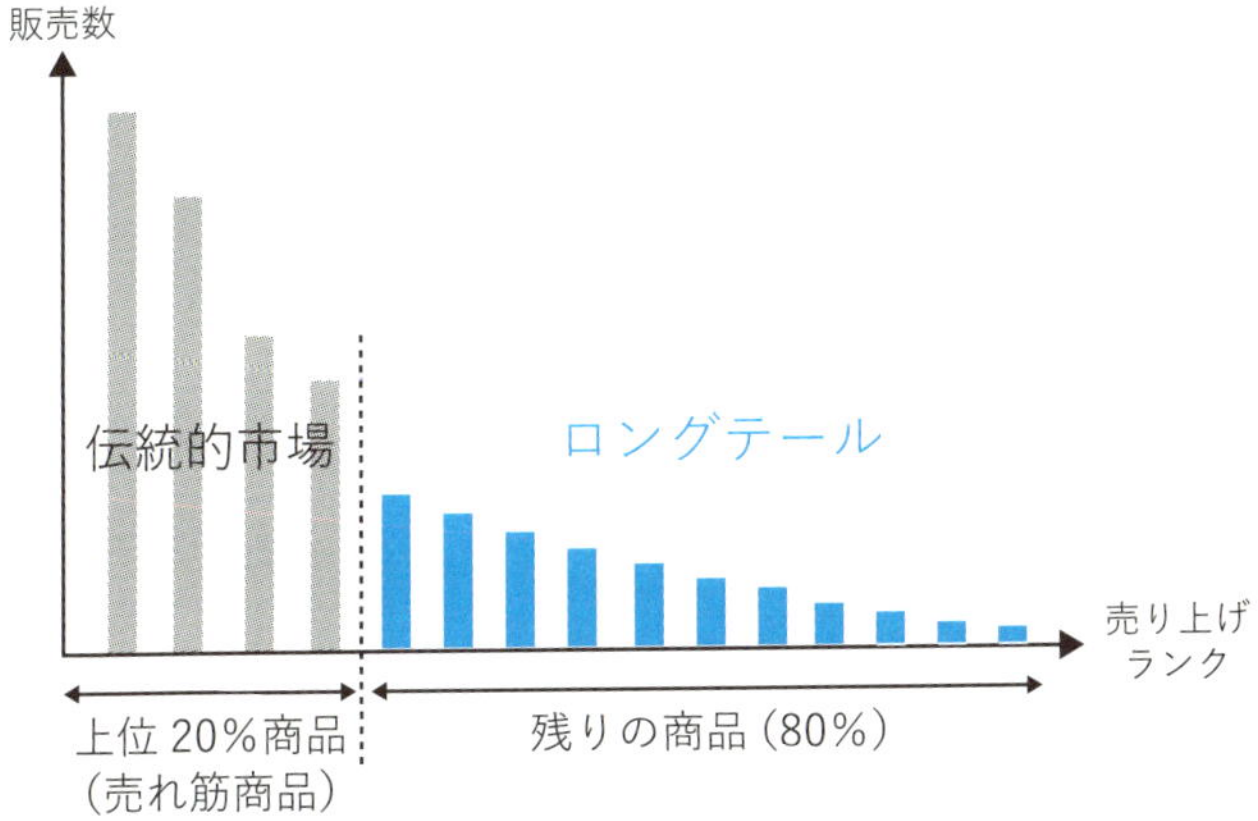

図X. ロングテール

解説

マーケティングの世界で「**ロングテール**」という用語が注目を集めています。これは、**ほとんど売れることがない商品でもそれらを幅広く取り揃えることで顧客の様々なニーズに応え、総体としての売り上げを大きくする手法**のことです。

図Xで、この手法を詳しく説明します。商品の売り上げ（販売数）を縦軸に、商品の売り上げランクを横軸に、売れる商品を左側から順に並べています。このように製品を販売量とその順位に並べると第1章で登場した「べき乗則」（P38）のような形になる場合がほとんどです。

左にある上位20％の商品が売り上げのほとんどを占めていますが、右側に長く伸びた残りの商品の売り上げも合計すれば、かなりの売り上げになります。このように右側に長く伸びたしっぽのような形をしている売れにくい商品に着目し、多品種を少量ずつ販売することで収益を上げることから、この手法は

「**長いしっぽ**（**ロングテール**）」と呼ばれています。

街の本屋さんやデパートのような従来の伝統的市場では、売り場の制限上、図Xの左側の売れ筋商品を選んで陳列しています。一方、大手インターネット通販サービスのアマゾンでは図Xの右側にある「ほとんど売れることのない商品」も巨大な倉庫の中に揃えています。それだけでなく、商品のページで、中古の商品を売りたい人が出品することができるため、入手が困難な本やCDでも出品者を通じて手に入れることができます。このようにアマゾンは伝統的市場では不可能なほどの品揃えを実現することができ、ロングテールを上手く活用することで、多くの顧客を獲得し成功を収めてきたのです。

アマゾン以外にも、Netflix やアップルの iTunes などのサービスが、ロングテール部分に相当するマイナーな映画や音楽を幅広く取り揃えることで成功を収めています。

また、誰もが無料で自由に編集に参加できるウィキペディアも、掲載項目数に限度がある紙媒体の百科事典には不可能なほどの多彩な項目を揃えることで、成長を遂げています。

このように、ロングテールで勝負するネットサービスによって、人々が元々持っていたそれぞれの価観に合わせたサービスの多様化が起こり、ロングテールの時代が到来した、と言われることがあります。

しかし、これとは真逆の戦略が有効である場合もあるようです。その戦略は「**ブロックバスター戦略**」と呼ばれています。

ブロックバスター戦略とは、音楽や映画、テレビ、出版、スポーツなどの業界で、ヒットが見込まれる作品に対して予算を集中的に投入して製作やマーケティングを行う競争戦略のことで、ハーバード・ビジネススクール教授のアニータ・エルバースが、２００８年にハーバードビジネスレビュー誌で提唱しました。図Xでいえば、左にある上位20%の商品になりそうな特定のコンテンツに集中投資してリターンを最大化させるという戦略で、残りの右側の商品を重視するロングテール戦略とは対極の戦略になっています。

一般的には、映画や音楽、書籍は「市場に出してみないとヒットするかどうかわからない」商品であり、いろんな商品に分散投資することがリスクを抑えるうえで重要なはずです。これに反して、ブロックバスター戦略では「ヒットする！」と見込んだ商品に集中的にお金をつぎ込むことから、ハイリスクハイリターンな戦略であるといえるでしょう。

コラム#4　これからは統計の時代

２００９年8月に、ニューヨークタイムズが大学を卒業する学生に向けて以下のタイトルの記事を贈りました。

「今日、卒業する人たちに一言だけいいたい。〝統計〟だ」

この記事では、Googleのチーフエコノミストが「今後10年間で最も魅力的な職業は統計専門家になる」と述べています。この記事からおよそ10年経過した今、実際に統計を使いこなせる人は一流企業から引く手あまたになっています。

我が国でも近年「エビデンスに基づく政策形成」を政府全体の課題として取り上げ、これに必要となる統計データの整備を推進しようとする動きがあります。

例えば、２０１６年12月に成立した「官民データ活用推進基本法」は、基本理念の一つに「官民データ活用により得られた情報を根拠とする施策の企画及び立案により、効果的かつ効率的な行政の推進に資する」ことを掲げています。言い換えると、政策立案や政策改定の際には「科学的なデータ分析によるエビデンス（証拠）」に基づいた議論を行うべきだ、という考え方です。具体的には例えば「新エネルギー補助金が新エネルギーの普及にどれほど影響を及ぼしているか」を分析して、その補助金がどれだけ有効なのかを判断し、政策立案などに活用するのです。

この「エビデンスに基づく政策形成」を実行に移す際の障害について政策実務者、政策研究者に質問した結果「統計データの解析や研究を理解するスキルが職員に不足している」という回答が実務者・研究者ともに約３分の２を占めたそうです。

このように、現状では統計分析スキルのある人材が払《ふっ》底《てい》しているようですので、これからますます需要が高まっていくことが予想されます。

第5章

ゲームに関する用語

完全情報《かんぜんじょうほう》ゲーム・不完全情報《ふかんぜんじょうほう》ゲーム

意味

互いに相手の手の内が公開されているか

・これから開発するスマホカードバトルゲームの仕様を固めていますが、**完全情報ゲーム**にした方がいいでしょうか。あるいは、相手のカードが見えない**不完全情報ゲーム**にした方がいいでしょうか。

解説

完全情報ゲーム	不完全情報ゲーム
すべての情報が共有されている	プレイヤーごとに異なる情報を持つ
将棋、囲碁、オセロ、チェス、結婚相談所、楽譜通りの音楽演奏	麻雀、ババ抜き、ジャズ、株・FX取引、自由恋愛、外交交渉、犯罪捜査

表X. 完全情報ゲームと不完全情報ゲーム

ゲームには、各プレイヤーに互いに相手の手の内が公開されているものとそうでないものがあります。例えば、将棋やチェス、囲碁は、碁盤上に**お互いの手の内が公開されています**。このようなゲームを「完全情報ゲーム」といいます。

それに対して、相手に見えないように手札を持つトランプゲーム（ババ抜きなど）やカードゲーム、麻雀は相手が何を持っているかわからず、次に何が手に入るかわからないことから、**各プレイヤーの持つ情報に差があります**。このようなゲームを「不完全情報ゲーム」といいます。

音楽演奏についても、このように分けて考えることができます。例えば、事前に用意された楽譜に基づいて、演奏をする場合には各プレイヤーにすべての情報が公開されていますので、完全情報ゲームだと言えます。一方、ジャズのように即興性の強い音楽の場合には、各プレイヤーがどのような演奏をするか

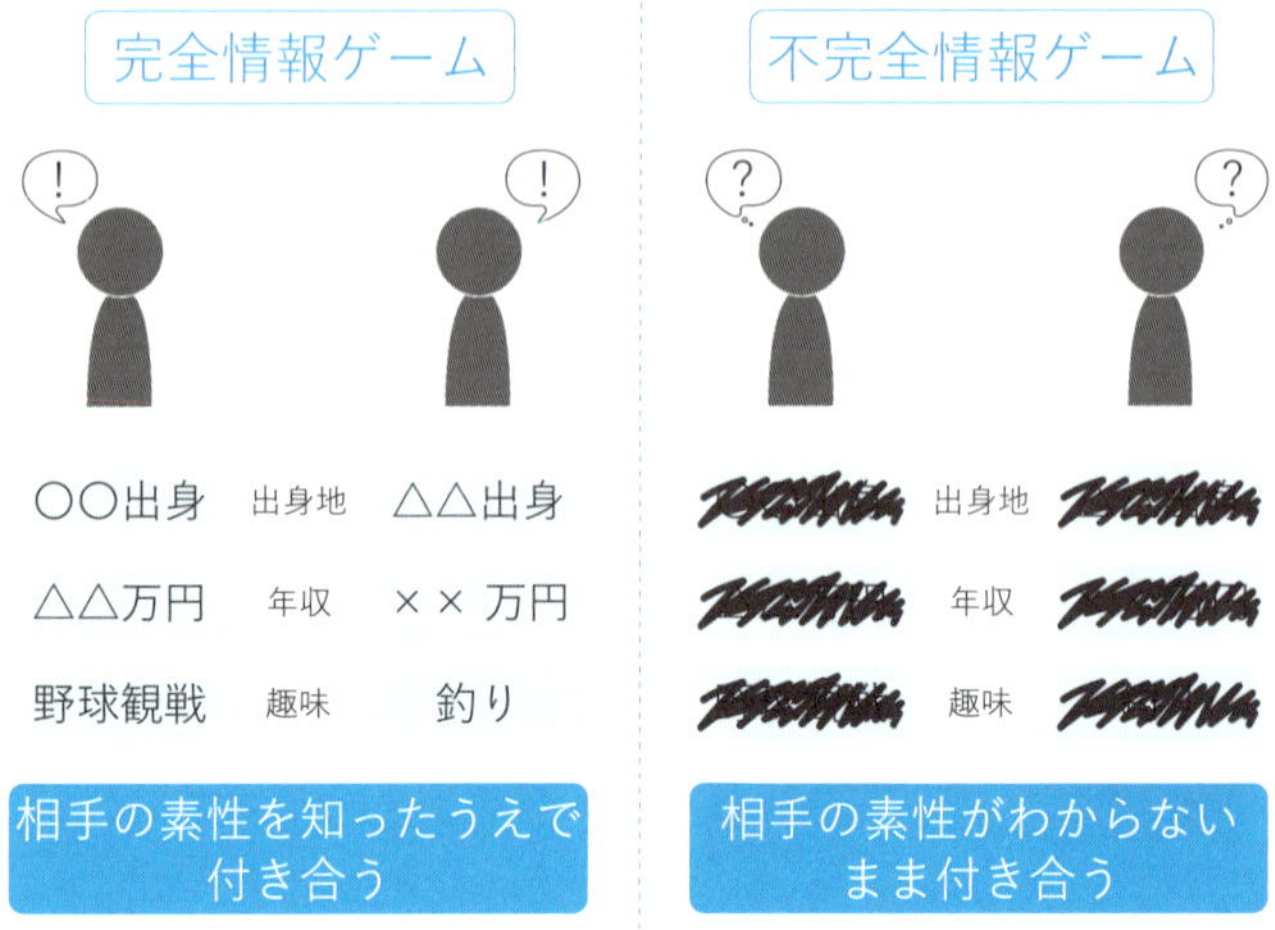

図 X. 恋愛における完全情報ゲームと不完全情報ゲーム

は、事前に公開されていません。その意味で、ジャズ演奏は不完全情報ゲームに近いと言えそうです。

恋愛で言えば、独身証明書、戸籍謄本、収入証明書などの提出が必要な結婚相談所は、完全情報ゲームに近いと言えます。これに対して自由恋愛は、相手の素性や収入、結婚願望があるか否かの確証がないままに付き合うことがあります。この場合には、相手が実はすでに結婚していたり、結婚するには収入が十分でない可能性もあります。その意味で、自由恋愛は不完全情報ゲームに近いと言えそうです。

他にも例えば、販売者と顧客、医者と患者のように、片方の人が商品や治療方法について詳しい場合には、この二者間の取引は不完全情報ゲームとなります。その結果、詳しい側の言い値で物事が進められてしまうかもしれません。

外交交渉で自国にとって有利な方向に話を進めるために、国家がスパイ活動や諜報活動を行うのは、外交交渉という不完全情報ゲームで優位に立つことを目的としています。

犯罪者とそれを追う警察の関係も不完全情報ゲームです。犯罪者は、犯行の手段・状況などの情報をほとんどすべて持っています。それに対して、犯罪を捜査している警察は、入手できる断片的な情報から犯人を推測し捜査を進めるしかありません。

確定《かくてい》ゲーム・不確定《ふかくてい》ゲーム

意味

偶然に左右されるか

・あのゲームは**不確定ゲーム**なので、eスポーツの競技種目にはなりにくい。
・オプション画面で「乱数発生なし」を選べば、このゲームは**確定ゲーム**になる。

解説

確定ゲーム	不確定ゲーム
偶然に 左右されない	偶然に 左右される
チェス、将棋、 囲碁、オセロ、 ほとんどの五輪種目、 グランツーリスモ	ポーカー、麻雀、 すごろく、桃太郎電鉄、 大貧民、UNO、パチスロ、 セーリング、マリオカート

表 X. 確定ゲームと不確定ゲーム

フランスの社会学者、ロジェ・カイヨワは著書『遊びと人間』の中で、遊びを四つに分類して考察しています。その四つとは「競争（アゴン）」「偶然・運（アレア）」「模倣（ミミクリー）」「めまい（イリンクス）」であり、不確かな確率的要素があるゲームはアレアに分類されます。例えば、すごろくや人生ゲームは、さいころやルーレットによって進めるマスの数を決めることから、偶然に左右されます。他にも、ポーカーなどのカードゲームや麻雀はカードや牌をシャッフルしてから各プレイヤーに配るため、偶然的要素があるゲームになっています。

このように**自分の選択に不確かな確率的要素が関与するゲーム**のことを「**不確定ゲーム**」といいます。このようなゲームでは、手札などの好条件が揃えば、初心者がプロに勝てることもあります。これに対して、**偶然に左右されることのないゲーム**のことを「**確定ゲーム**」といいます。例えば、将棋や囲碁、オセロ

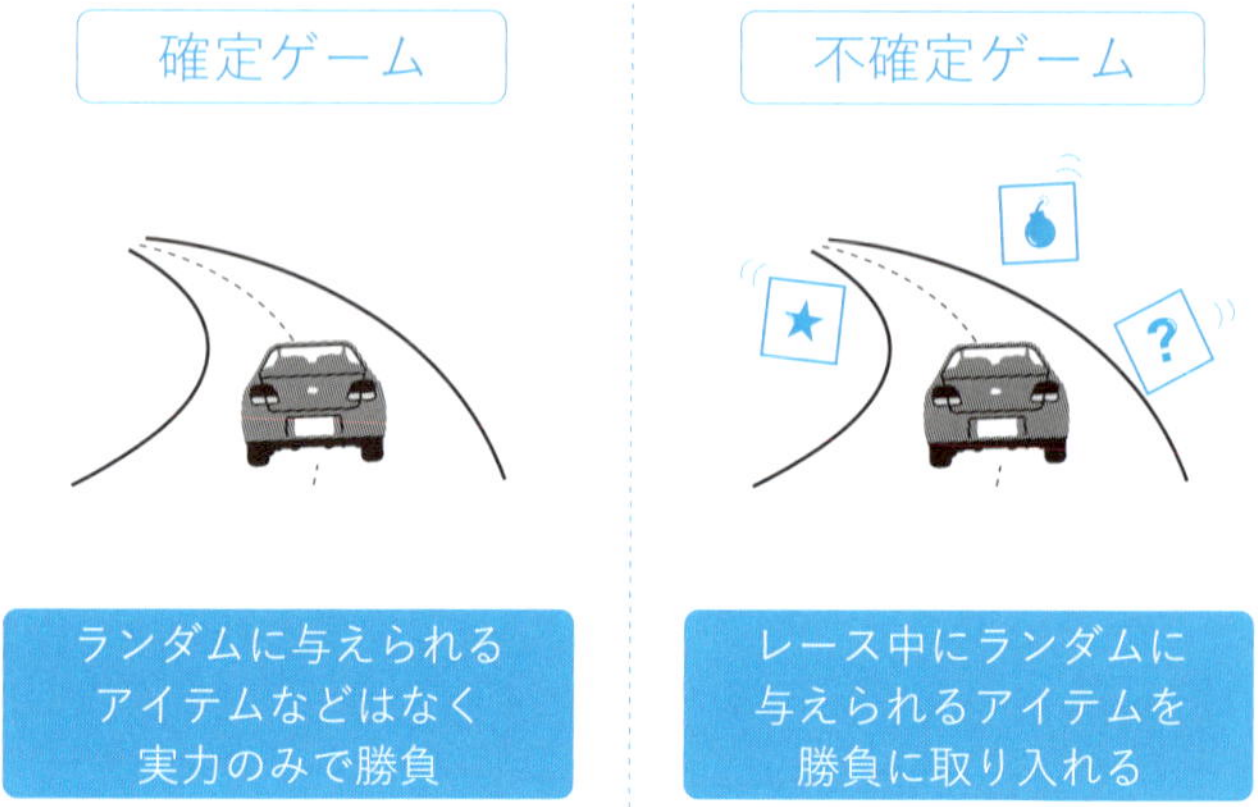

図 X. レーシングゲームにおける確定ゲームと不確定ゲーム

などには偶然的要素がありません。このため、ゲームの結果は運に左右されず、ほぼ実力通りの結果になります。そのため「今日は運が悪かった」という言い訳ができません。

このことから一般的に、その人の純粋な実力を比較できる確定ゲームの方がオリンピックなどの正式種目として認められやすく、不確定ゲームは認められにくい傾向にあります。不確定ゲームでもオリンピック競技として認められている珍しい例として「セーリング」があります。セーリングは、セールボートに乗り風の揚力を動力として水上を滑走する競技で、海上での波の高さや潮の流れ、風の強さなど、様々な偶然的要素によって結果が左右されます。

テレビゲームやスマホゲームの世界でも、偶然的要素があるか否かで大きく二つに分類することができます。例えば、レーシングゲームのうち、マリオカートのように取ったアイテムがシャッフルで決まるようなものは不確定ゲーム、そういったものがない普通のレーシングゲーム（グランツーリスモなど）は確定ゲームとみなせます。
また、テトリスなどのパズルゲームでも降ってくるブロックの形状のパターンが毎回同じならば確定ゲームですが、降ってくるブロックのパターンに偶然性があり、いつも決まったパターンではない場合は不確定ゲームとなります。ＲＰＧ（ロールプレイングゲーム）でも敵の攻撃パターンがいつも同じ確定したものか否かによって確定ゲームか不確定ゲームかに分類することができます。確定ゲームの場合には必勝法や最短攻略法を編み出すことが可能ですが、不確定ゲームの場合にはそうはいきません。

同時進行《どうじしんこう》ゲーム・交互進行《こうごしんこう》ゲーム

意味

相手の戦略、行動がわからないまま自分の戦略を選択しなければならないか

・囲碁や将棋を**同時進行ゲーム**にしたら面白いのではないか。つまり双方が同時に次の手を出すルールにしてみよう。

・ポケモンの対戦やスマホカードゲームのルール構築の際に、**同時進行ゲーム**にするか**交互進行ゲーム**にするかが重要な分岐点となる。

解説

じゃんけんのように、**相手の戦略、行動がわからないまま自分の行動を選択しなければならないゲーム**のことを「**同時進行ゲーム**（もしくは**同時手番ゲーム**）」といいます。例えば、公表のタイミングが一緒である新聞やテレビ番組は同時進行ゲームとみなせます。また、新しくできるショッピングモールに店を出したい経営者たちは、他にどんな店が入る予定なのかを事前に知ることができないことから、これも同時進行ゲームといえるでしょう。ゲーム理論で有名な「囚人のジレンマ」もこの同時進行ゲームに分類されます。

これに対して、**プレイヤーが順番に行動を取ることができるゲーム**のことを「**交互進行ゲーム**（もしくは**逐次手番ゲーム**）」といいます。例えば、将棋や囲碁、カーリング、ゲートボールなどは典型的な交互進行ゲームで、プレイヤーが交互に行動し、各プレイヤーは相手の戦略を見てから自分の戦略を考え、変化させていきます。他のプレイヤーの入札価格を聞いてから、自分の価格を設定するオークションもこの交互進行ゲームに分類されます。

交互進行ゲームでは、先手が有利とか、後手が有利という差が生じます。例えば、先ほどの店舗進出の例では、ある街に後から進出してくる店舗やホテルはすでに周辺にある店舗を下調べしてから、価格を設定したり出店場所を選ぶことができます。

着手《ちゃくしゅ》対称《たいしょう》ゲーム・着手《ちゃくしゅ》非《ひ》対称《たいしょう》ゲーム

意味

プレイヤーによって可能な手が異なるか

・日本はサイバー攻撃を受けても反撃することができない。この**着手非対称**状態を解消すべきだ。

・ビジネスでの駆け引きのほとんどは**着手対称ゲーム**ではない。

解説

全プレイヤーの可能な手が同じであるゲームを「**着手対称ゲーム**」といい、逆に、**プレイヤーごとに可能な手が異なるゲーム**を「**着手非対称ゲーム**」といいます。

ほとんどのゲームはすべてのプレイヤーに対してフェアになるように作られていることが多く、プレイヤー毎に可能な手が異なることはありません。ただし、一部のスマホゲームでは、課金したユーザーに対して、無課金では手に入らないアイテムやスキル、職業、仲間となるキャラクターなどが付与されます。そのため、このようなスマホゲームは、課金に対して着手非対称なゲームになっています。

課金が必要なくても、ゲームを進めるにつれて使えるスキルやアイテムが増えるゲームがあります。このゲームにオンライン要素がある場合には、ゲーム終盤まで進めている人の方が使える手段をたくさん持っています。その場合はゲームの進行状況に対して着手非対称なゲームになっています。他にも、応用テクニック、裏技、バグ技などを知っている人とそうでない人の間には着手の非対称性があるといえます。

現実世界でいえば、人によってできることに制限がある場合に、この用語が使えそうです。例えば身体障害者は障害を持たない人と比べてできることが限られています。移民についても、その国の国民と比べるとできることに制限があります。このため、身体的な理由や国籍などによって着手非対称な場合があるとみなせます。

定和《ていわ》ゲーム（ゼロサムゲーム）・非定和《ひていわ》ゲーム（ノンゼロサムゲーム）

意味

誰かが得した分だけ、誰かが損をするか

・あの映画祭の最高賞は複数の作品に授与されることもあるから、**非定和ゲーム**だといえる。

・スポーツのような**ゼロサムゲーム**が好きな人は、一般の人に比べてシャーデンフロイデの感情が強いのではないか。心理学実験で確かめてみよう。

解説

ゲームには**あらかじめ利益や損失が決まっていて、それを各プレイヤーで分け合うもの**と**そうでないもの**があります。あらかじめ利益や損失が決まっているゲームのことを「**定和ゲーム**」といい、そうでないものを「**非定和ゲーム**」といいます。

例えば、**数に限りのあるメダルやタイトル、ポイント、資源、利益などを奪い合う場合**や、**決まった負担**（負担金額や仕事）**を各プレイヤーで分担し合う場合**が**定和ゲーム**になります。

定和ゲームのうち、特に利得の総和がゼロとなるようなゲームのことを**ゼロサムゲーム**（**零和ゲーム**）といいます。ただし、定和ゲームはゼロサムゲームとして解釈し直すことができます。あらかじめ決まっている利益や損失を各プレイヤーで平等に分け合ったときの一人当たりの取り分（ないし負担分）を0と解釈して、この平均よりも自分が上回っているときにはプラスいくつ、下回っているときにはマイナスいくつと数えることで、プレイヤー全体のトータルの利益（もしくは損失）をゼロに定義し直せばいいのです。

例えば、パソコン市場におけるOSのシェア率を「Windowsが92％、MacOSが8％のシェアを分け合っている」と考えれば定和ゲームですが、シェア50％を基準に「Windowsがプラス42、MacOSがマイナス42」と考えればゼロサムゲームになります。将棋やチェス、囲碁などのゲームやスポーツでは勝利を1、引き分けを0、敗北をマイナス1のように数字をつけて考えることでゼロサムゲームとして解釈することができます。

このようなゼロサムゲームでは、他人の不幸が自分の利益につながることが多く、「他人の不幸は蜜の味（ドイツ語：シャーデンフロイデ）」になる状況が多いことが特徴です。そのため、このようなゲームでは他人やライバルの失敗を喜ぶ傾向が強いかもしれません。

これに対して**非定和ゲーム**（もしくは**ノンゼロサムゲーム**）では、プレイヤーの利得や損失の総和が定まっていないことから、**一部のプレイヤーの利益が必ずしも他のプレイヤーの損失を引き起こしません。**そのため、ゲーム参加者全員が得をしたり、損をする場合があります。

例えば、多人数で協力プレーをするシミュレーションゲーム、ロールプレイングゲームなどでは、協力の成否によってミッションやクエストに失敗し全員が敗者となる可能性があることから、ノンゼロサムゲームであるとみなせます。このように全員の利益や損失を合計した総和がマイナスになるものを「ネガティヴ・サムゲーム」と呼び、逆に総和がプラスになるものを「ポジティヴ・サムゲーム」と呼びます。

ポジティヴ・サムゲームの例としては、資本主義社会があります。なぜなら、資本主義社会では、誰かが得をして誰かが損をする（win-lose）ようなゼロサム的状況だけでなく、両者が利益を得られる（win-win）ようなノンゼロサム的な取引が数多く行われています。他にも、研究や学問のように、知識や技術を絶え間なく増大させていくようなものもポジティヴ・サムゲームとみなすことができます。一般的に芸術（美術、音楽、映画など）も「いい作品を作りたい」「いい演奏がしたい」という共通の目標に向かって協力していることが多いことから、ほとんどの場合についてポジティヴ・サムゲームとみなすことができそうです。ただし、限られた映画賞やコンクール入賞を奪い合う場合にはゼロサムゲームとなります。

解釈によってゼロサムゲームになったり、ノンゼロサムゲームになるものもあります。例えば、戦争では勝ち負けだけを考えれば、勝ちを1、休戦を0、負けをマイナス1とすることでゼロサムゲームだと捉えることができます。しかし、戦争を行うことで勝った側も負けた側も被った損害や軍事費の支出で大損しています。そのため、経済的に見ると戦争はネガティヴ・サムゲームだとみなせます。ただし、勝った側が圧倒的な軍事力で短期間のうちに相手側を制圧でき、制圧した国で石油資源などを得ることができる場合には、この限りではありません。

非《ひ》協《きょう》力《りょく》ゲーム・協《きょう》力《りょく》ゲーム

意味

すべてのプレイヤーが自分の利得のみを考えて完全に利己的に行動するか

- サイコパスは生まれつき**協力ゲーム**が苦手である。
- あいつはこの部門の仕事が**非協力ゲーム**だとでも思っているんじゃないか。

解説

スポーツにおける個人競技のように、**すべてのプレイヤーが自分の利得や成績のみを考えて完全に利己的に行動するゲーム**のことを「**非協力ゲーム**」といいます。前の項目でご紹介したゼロサムゲームを二人で行う場合には、このような非協力ゲームになります。

これに対して、**部分的に利他的な行動や協力的な行動をとるプレイヤーが存在するゲーム**のことを「**協力ゲーム**」といいます。パシュートやリレーのような団体競技、あるいはサッカーのような球技でプレイヤー同士が協力して高得点やタイムの短縮を狙う場合や、一部のプレイヤーが組んで、共通の敵に立ち向かう場合がこれに相当します。ビジネスの世界における企業間の技術提携、販売提携、資本提携なども協力ゲームになります。

他にも例えば、営業部門で「自分の売上成績さえよければいい」と考えて仕事をする人しかいない場合には、その仕事場は非協力ゲーム的だといえます。ただし、実際には、自分の個人的な成績よりも部門全体としての利益を優先して考える社員がいるのが普通です。その場合には、その仕事場は協力ゲーム的だということになります。

有《ゆう》限《げん》ゲーム・無《む》限《げん》ゲーム

意味

戦略や選択肢の数が有限か否か

・ロボットペットはリアクションのパターンが有限だから、コミュニケーションが**無限ゲーム**にならない。

・子どもにはレゴブロックよりも粘土や木工細工を与えた方がいい。レゴブロックは**有限ゲーム**だから。

解説

ゲームのうち、**プレイヤーの可能な手の組み合わせの総数が有限であり、かつ有限回のうちに必ず終了するもの**のことを「**有限ゲーム**」といいます。一般にボードゲームやカードゲームはゲームの中で選べる選択肢や戦略が有限であり、かつ制限時間があることから、有限ゲームに該当します。

これに対して、**プレイヤーの可能な手の組み合わせの総数が有限でなかったり、有限回のうちに必ずゲームが終了するとは限らないゲーム**のことを「**無限ゲーム**」といいます。

例えば、将棋やチェスは可能な手の組み合わせの総数が有限ですが、同一の状態が反復される「千日手」があることから、有限回のうちに必ずゲームが終了するとは限りません。将棋でもチェスでも反復回数がルール上の規定数に達すると引き分けとなって終了するか、あるいは一方が手を変えなければならない規定があります。このようにして、将棋やチェスは有限ゲームとなるようにルールが定められています。

日常生活では、テレビゲームでの駆け引きが有限ゲームであるのに対して、現実世界での駆け引きは無限ゲームになります。例えば、恋愛シミュレーションゲームにおける異性キャラクターとのやり取りは、事前に用意されている有限なパターンしかなく、有限回のやり取りでエンディングを迎えゲームが終了することから、有限ゲームであるといえます。それに対して実際の恋愛では、異性とのやり取りには無限のパターンがあり得ますので、無限ゲームといえます。

収束《しゅうそく》ゲーム・非収束《ひしゅうそく》ゲーム

意味

局面が進むと選択肢が狭まるか

・今、開発しているゲームは**収束ゲーム**になっているから、後半戦が退屈だ。後半でしか使えない選択肢や一発逆転要素を追加すべきではないか。

・何歳になっても始めるのに遅すぎるということはない。人生は気の持ちようで**非収束ゲーム**にもなる。

解説

収束ゲーム	非収束ゲーム
局面が進むと 選択肢が狭まる	局面が進んでも 選択肢が狭まらない
麻雀、囲碁、オセロ、 チェス、消耗戦	将棋、じゃんけん

表 X. 収束ゲームと非収束ゲーム

チェスのように、局面が進むにつれて駒の数が減り、**可能な手の範囲が狭くなるゲーム**のことを「**収束ゲーム**」といいます。囲碁も局面が進むにつれて石を打てる場所が限られてくることから収束ゲームであるといえます。

これに対し、将棋は相手から取った駒を使うことができることから、**局面が進んでも可能な手の範囲は広いまま**です。このようなゲームのことを「**非収束ゲーム**」といいます。非収束ゲームで勝てる人工知能プログラムを作るのは、収束ゲームよりも困難です。

日常生活でも、局面が進むにつれて選択肢が狭まるものはたくさんあります。例えば、使えるお金や資機材が徐々に少なくなっていく消耗戦は収束ゲームとみなすことができます。

他にも例えば、仕事が長続きせず離職を繰り返している人にとって再就職活動は収束ゲームになります。徐々に再就職

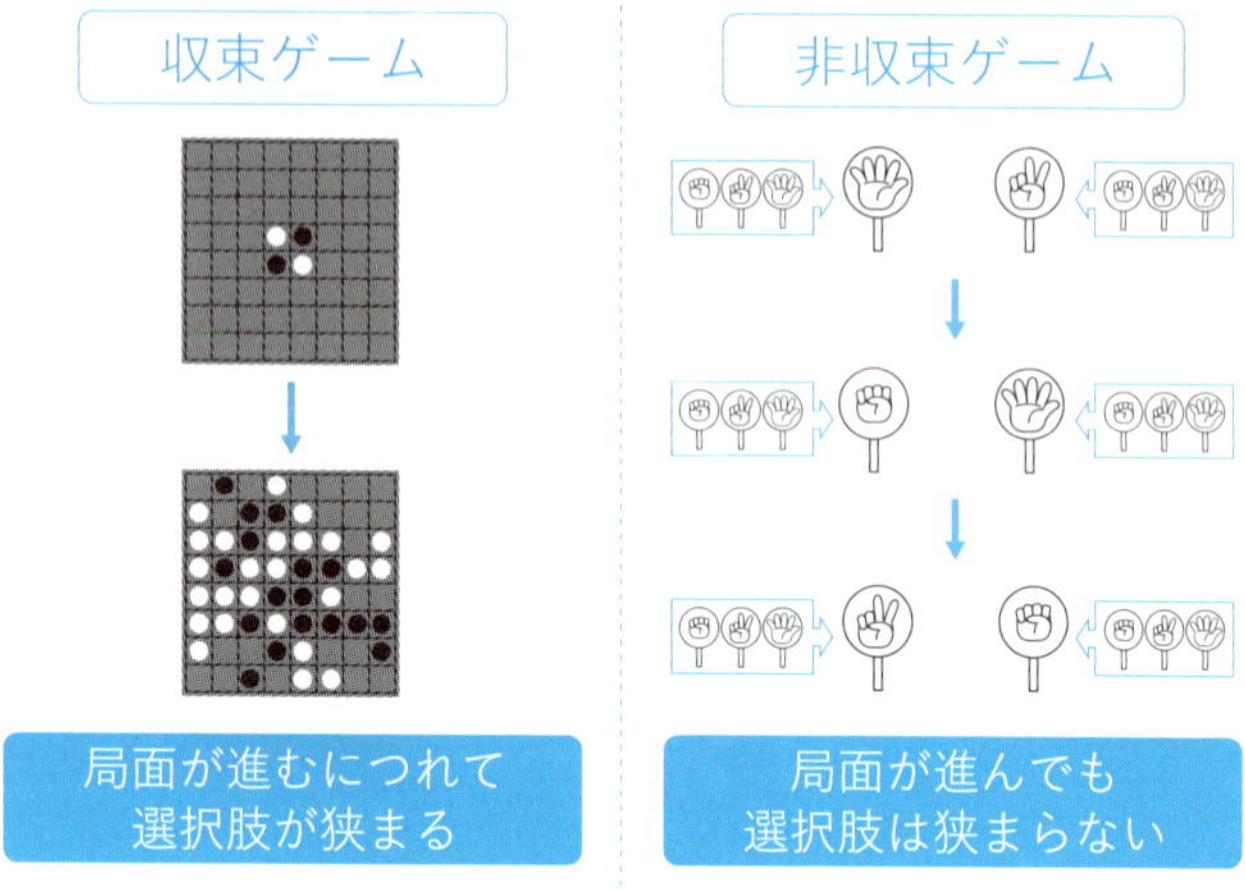

図 X. 収束ゲームと非収束ゲームの例

先の選択肢が狭まっていくからです。ただし、有能であることが理由で転職を繰り返している人にとっては、再就職活動は収束ゲームではありません。

　最後に、想像を膨らませて「局面が進むにつれて選択肢が広がる」ゲームのことを考えてみましょう。これに対応した用語はありませんので、私個人の造語で恐縮ですが、これを「**反収束ゲーム**」と呼ばせていただくこととします。

　このような反収束ゲームは日常生活に満ちあふれています。例えば、会社に入ると最初は新人で選択肢も権力もほとんどありませんが、長く勤めていくうちに裁量を与えられたり、昇進することで選択肢が広がっていきます。一般的なゲームも、主人公が旅を進めるにつれて様々な道具や仲間、特殊スキルを手に入れることによって選択肢が増えていくことから反収束ゲームとみなすことができます。

以上のように、この世界にあるゲームを大きく分けて三つ（収束・非収束・反収束）に分類して考えてみると面白いかもしれません。

コラム#5　数学ができる人ってどんな人？

数学が得意な人はどんな特徴を持っているのでしょうか？　米国のジョン・ホプキンス大学の研究者が、数学でトップクラスの成績を取った12歳から13歳の学生292人にインタビューを行ったところ、以下の特徴を持っていることがわかりました。

- 一般集団と比べてアレルギー症状に苦しむ子が2倍
- 一般集団と比べて左利きの子が2倍
- 一般集団と比べて近視の子が4倍

これらと数学能力の関係性についてはまだ十分に解明されていませんが、胎児のときに浴びる男性ホルモン（テストステロン）が関係している可能性があります。妊娠中に胎児が高濃度のテストステロンにさらされると、免疫系と脳の左半球の両方が影響を受けます。テストステロンは、左半球の発達を遅らせ、数学的能力に関係した空間認知能力や数学的概念操作能力を主に担う右半球を優位にして、胎児が左利きになる可能性を高めます。そして、左利きの人ほど近視の人が多いということ、勉強に取り組む人ほど近くのものを見る時間が多く近視になりやすいことから、近視についても、数学的能力との関係性を想像できます。

また、先ほど紹介したようにテストステロンにさらされることで、免疫系が影響を受け、アレルギー症状のような免疫系の過剰反応が引き起こされることが想像できます。

ところで、胎児期にテストステロンを多く浴びると薬指が長くなることが知られていますので、数学的能力と薬指の長さの間にも関係性がありそうです。実際に、イギリスのバース大学の研究で75人の7歳児の指の長さと成績の関連性を調査したところ、薬指が長い生徒ほど数学が得意で、人差し指が長い生徒ほど国語が得意であることが確認されました。

ちなみに、胎児期に男性ホルモンではなく、女性ホルモン（エストロゲン）を多く浴びると人差し指が長くなり、言語能力がよく発達する可能性があるそうです。

第6章

単位・尺度

に関する用語

グーゴル

意味

「膨大さ」の尺度

・囲碁の総局面数はチェスの総局面数の**グーゴル**倍を上回る。

解説

「地球上にいる昆虫の総数」、「人体にいるバクテリアの総数」、「銀河系の星の推定総数」のうちどれが一番多いでしょうか。このように膨大な量になるものを次ページの表Xに整理してみました（参考として数が小さいものも載せています）。

このような膨大な量のうち、**10の100乗**はキリがいいことから「**グーゴル**（**googol**）」と名付けられています。一部の方はすでにご存じかと思いますが、米国のIT企業「Google《グーグル》」の名前は、創業者の一人で命名者でもあるラリー・ペイジがこのグーゴルの綴りを間違って書いたことに由来しています。

表Xに記載の通り、観測可能な宇宙の中にある基本粒子の推定の数が10の85乗程度ですので、グーゴル以上の大きさとなるのは、数学や情報処理に出てくる概念（組み合わせの総数や巨大数）ぐらいしかありません。ざっくり解釈すれば、膨大な数の中でグーゴルが現実の物理世界と、観念世界を分ける境目になっているといえるかもしれません。

値	説明
$10^{23249424}$	現時点で知られている最大の素数のおよその大きさ(2018年1月)(4.673×10^{23249424}) (※50番目のメルセンヌ素数＝$2^{77232917}-1$)
10^{170}	囲碁の総局面数(2.1×10^{170})
10^{100}	googol(グーゴル)
10^{80}-10^{85}	観測可能な宇宙の中にある基本粒子の数(推定)
10^{50}	チェスの総局面数
10^{47}	地球上の水分子の数
10^{33}	地球上にいる生物のおよその数(3×10^{33})
10^{30}	地球上にいるバクテリアのおよその数
10^{27}	人体を構成している原子の数(7×10^{27})
10^{23}	1モルに含まれる分子の数(6.0221415×10^{23}) 世界の海岸の砂粒の概算(1×10^{23}) 観察可能な星の数(0.7×10^{23})
10^{18}	地球上にいる全昆虫の推定数(100京)
10^{15}	人体にいる微生物の推定数 1光年(＝約9.46×10^{15}メートル)
10^{13}	人体を構成する細胞の概算(10兆)
10^{11}	銀河系の星の推定総数(4×10^{11}) 人間の脳のニューロンの推定数(10^{11})
10^{10}	英字(大文字・小文字区別)＋数字からなる6桁のパスワードの総数(5.68×10^{10}) 観測可能な銀河の推定数(1×10^{10}-8×10^{10})
10^{9}	Googleにインデックス化されているウェブページの数(2005年)(8.1×10^{9}) 世界の総人口(2016年)(7.4×10^{9})

表X. 膨大な量の比較①

値	説明
10^{8}	日本の総人口（2016年）（1.27億）
10^{6}	ポーカーで配られる5枚のカードの全組み合わせ数（2,598,960） 名前の付けられている生物種（140万）
10^{5}	人間1人の髪の毛の平均的な本数（10万-15万）
10^{4}	人間が持つ遺伝子の数（推定）（3万-4万）
10^{3}	世界にある言語・方言のおよその数（6,500） 現行常用漢字の文字数（2,136）
10^{-2}	アメリカの宝くじ「US Powerball Multi-state Lottery」でくじを1枚買ったときに何らかの賞が当たる確率（2006年の規定による）（0.027） イギリスの宝くじで、くじを1枚買ったときに何らかの賞が当たる確率（2003年の規定による）（0.018）
10^{-6}	麻雀で、親の配牌が天和である確率（3.0×10^{-6}） ポーカーで、配られた手札がロイヤルストレートフラッシュである確率（1.5×10^{-6}）
$10^{-360783}$	猿にタイプライターを打たせ、シェイクスピアの「ハムレット」に1度の試行で大文字小文字、句読点、スペースまで完璧に一致する確率（無限の猿定理）

表X. 膨大な量の比較②

ネビッチ

意味

「くだらなさ」の尺度

・あの上司の話ってほとんど**ネビッチ2**だからうんざり。

・私にしてみれば、哲学書のほとんどは**ネビッチ4**だ。当たり前のことを難解に言い換えているだけだ。

解説

20世紀科学史における最重要人物の一人であるハンガリー出身の数学者、ジョン・フォン・ノイマンには風変わりな癖がありました。学会や講演などで人の研究発表を聞いているときに、**内容のくだらなさ加減**をランク付けして暇つぶしをするという癖です。

くだらなさは、**ネビッチ**という単位で、1から4まであります。**もったいぶっているくせに無内容な話**は最悪で、最も低い**ネビッチ4**に格付けされます。ちなみに、この用語はイディッシュ語で「つまらないもの」を意味する「ネビッチ（nebbitch）」からきています。

ジョン・フォン・ノイマンの伝記を読んでみても、ネビッチ4以外がどのような基準で格付けされるのかが記載されていません。そのため、著者の方で、それぞれの格付けを次のとおり推測してみました。

発表自体はわかりやすくクリアなのに、内容にそれほど面白みがない場合は**ネビッチ1**に格付けします。**発表がわかりにくく、しかも内容自体も面白くない場合**にはより低い**ネビッチ2**に分類します。発表内容が面白くない以前に無内容だとさらに低い評価になることが予想されます。**説明がわかりやすくても無内容**ならば、その発表は**ネビッチ3**に格付けします。最悪のネビッチ4については、先ほど述べたとおりです。

研究発表や講演だけでなく、友人が酒の席で披露するネタ、最近見たテレビ番組や映画、書籍を酷評する際にも、この格付け基準が役に立つでしょう。

ルーメン・ルクス

意味

「明るさ」の尺度

・電球形LEDランプはエネルギー消費効率が優れていることから、同じ**ルーメン**で比較しても一般電球より電力消費量が少ない。

・JIS照明基準に照らし合わせてみるとうちの職場の**ルクス**は低いのではないでしょうか。

解説

電球を購入しようとしたときに、パッケージに「全光束700ルーメン」と書かれているのを見たことがあると思います。この**ルーメン**（**lm**）とは、**光源**（つまり照明）**から全方向に放射される光の合計量**（**全光束**）を表す照明用語で、光源の明るさを表しています。店でこの単位を見たときには、設置しようとしている部屋の広さに合わせて次ページの表Xを参考に、電球を選びましょう。この表Xは、日本照明工業会が定めている「照明を設置する部屋の広さ（畳数）とLED照明のルーメンの適用基準」です。

また、このルーメンという表示は、自転車用ヘッドライトでもよく見かけます。一般的には市街地での走行は最低でも100ルーメン以上、街灯のない道を走る場合は200ルーメン以上が推奨されています。

ルーメンは光源の明るさを表す量でしたが、**照らされているものの明るさを表現したいとき**には、**ルクス**（**lx**）という単位が役立ちます。このルクスとは光源から照射された光に照らされたある面の明るさ（照度）を表すものです。具体的には、1ルクス（照度）は、1平方メートルを1ルーメン（光束）で一様に照らしたときの照射面の明るさで定義されています。そのため、ルクスは光源だけでなく、照らされる側の面積がわからないと、計算することができません。

日常生活での照度としては、例えば太陽が当たっている地表面は10万ルクス、日陰の地表面は1万ルクス、満月の夜の地表面は0.2ルクスに相当します。室内では60Wの白熱電球から30cmほど離れた場所所

畳＼ルクス	2000	3000	4000	5000	6000
～4.5畳	2200～3200				
～6畳		2700～3700			
～8畳		3300～4300			
～10畳			3900～4900		
～12畳			4500～5500		
～14畳				5100～6100	

表X.LED器具の適用畳数の表示基準

が約５００ルクスの照度になります。ＪＩＳの照度基準では、部屋で読書をするときにはこの５００ルクス以上の明るさが推奨されています。ＪＩＳ照明基準では、他にも様々な場所における推奨照度が定められています。そのうち、代表的なものを表Ｙに整理してみました。表Ｙには一部の項目しか載せていませんが、ＪＩＳ照明基準には他にも、宿泊施設、工場、学校、駅舎、駐車場について、作業内容や空間の用途に応じた「推奨照度」が定められています。ちなみに、最近では、スマホを使って照度（ルクス）を測定できるアプリもあるようですので、興味のある方は試してみてはいかがでしょう。

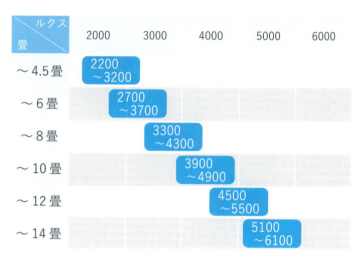

	住宅	事務所	保健医療施設	商業施設	美術館博物館
2000（ルクス）				大型店のショーウィンドウ	
1000	手芸・裁縫		救急室 手術室	大型店の一般陳列部	造形物
750		事務室 役員室 昼間の玄関ホール		スーパーの店頭 試着室 レジ会計	
500	共同住宅の管理事務所	会議室 制御室	診察室 霊安室	大型店の店内全般 レストランの厨房	洋画
300	台所 化粧台 共同住宅の集会所	EV ホール 受付 化粧室	X 線室		
200	遊び場 共同住宅のロビー EV ホール	トイレ 更衣室 書庫		レストランの客室	日本画 ラウンジ
100	書斎 玄関 共同住宅の廊下	玄関車寄せ 休憩室	病室		標本・剥製 ギャラリー全般 入口ホール
75	トイレ		眼科暗室		
50	居間	屋内非常階段			
20	寝室				

表 Y. JIS 照明基準の推奨照度

デシベル

意味

「音の大きさ」の尺度

・米軍基地近くの騒音は、夜間にもかかわらず周辺地域で80〜90デシベルを超える。

・昼間にこのマンションで楽器の練習をしたいのですが、壁の遮音性能は何デシベルなのでしょうか？

解説

工事現場に騒音・振動測定器が設置されていて、「○○dB」のように騒音のレベルが表示されているのを見たことがあると思います。このデシベル（dB）という単位は**音圧の大きさを、基準値（健康な人間の最小可聴音圧）との比の常用対数によって表現するもの**で、これを使えば、身の回りの音のうるささを数値化して表現することができます。

日常生活の騒音がデシベルで表すとどのくらいに相当するものなのかを、次ページの表Xに整理しています。騒音は発生源からの距離によって騒音値が減衰することから、表Xに示す項目の一部に騒音発生源からの距離を明示しています。音源からの距離による騒音減衰率を算出するには込み入った計算が必要となりますが、一般的な目安は表Yの通りです。

騒音は発生源から距離を離せば小さくなりますが、その間に壁を置くことでも減衰させることができます。このように壁を置くことによって騒音が減衰する度合いのことを「**遮音性能**」といいます。この遮音性能は、音源からの音を壁や床を隔てて聞いたときに、どのくらい音が小さくなるかを透過損失（dB：デシベル）で表します。

一般的に、住宅地で周辺の家庭に迷惑をかけないためには、騒音レベルをどのくらいに抑えなければならないのでしょうか。これについては、環境省によって、住宅地の場合には昼間は55dB以下、夜間は45

	騒音の例	体感
120（デシベル）	航空機のエンジンの近く、近距離の雷鳴	耳が痛くなりそう（聴覚機能に異常をきたす）
110	オーケストラのフォルテッシモ、ヘリコプターの近く	
100	電車が通るときのガード下、自動車のクラクション	非常にやかましい
90	犬の鳴き声（5 m）、大声による独唱、大声、ブルドーザー（5 m）、騒々しい工場内	
80	ピアノの音（1 m）、地下鉄の車内（窓を開けた状態）	やかましい
70	騒々しい街頭、セミの鳴き声（2 m）、電話のベル、布団を叩く音	
60	普通の会話、洗濯機（1 m）、テレビ（1 m）、掃除機（1 m）、アイドリング（2 m）、時速 40 キロで走る乗用車の内部	声を大きくすれば会話ができる
50	エアコンの室外機、静かな事務所	通常の会話が可能
40	図書館、静かな住宅地（昼間）	静か
30	深夜の郊外、ささやき声	
20	木の葉のふれあう音	
10	人の呼吸	

表 X. 身の回りの騒音と音圧レベル

距離（m）	減衰率（デシベル）
2	6
4	12
8	18
16	24
32	30
50	34

表Y. 音源からの距離による騒音減衰率

dB以下という基準が設けられています。また、2車線以上の道路に面している地域の場合には、昼間は65dB以下、夜間は60dB以下といった基準も設けられています。

以上のことから、ピアノの演奏音（80dB）を隣室で「ほとんど聞こえない（20dB）」レベルまで下げるためには、マイナス60dB以上の遮音性能を持つ壁や床で隔てなければいけないことがわかります。

騒音についてもデシベルを測定できるスマホアプリがいくつかありますので、これを使って日常生活の騒音を測定してみると面白いかもしれません。

アラバスター

意味

「臭さ」の尺度

・ドリアンのアラバスターを測定してみよう。
・アラバスターで比較すると納豆と鮒寿司の臭いの強さは同程度だ。

解説

アラバスター	臭い食べ物
8070	シュールストレミング（ニシンの缶詰）
6230	ホンオフェ（魚のエイを発酵させたもの）
1870	エピキュアーチーズ（缶詰チーズ）
1370	キビヤック（海鳥をアザラシの中に詰め込んで作る発酵食品）
1267	くさや（焼きたて）
486	鮒寿司
452	納豆
447	くさや（加熱前の干物）
430	沢庵漬け（古漬け）
420	臭豆腐
390	ニョクマム（ベトナムの魚醤）

ちなみに…
履いた後の靴下
120

表X. 臭い食べ物のアラバスター値

「世界の臭い食べ物ランキング」などの特集を見ていると「アラバスター」という単位が出てくることがあります。この単位は、におい濃度測定用ガス検知器で、**香り分子の濃度変化**を電導度の変化として検出し、**電圧値として数値化したもの**です。

この装置の開発にも関わった発酵学者の小泉《こいずみ》武夫《たけお》氏が、この装置を使って表Xのように代表的な臭い食べ物の臭さを数値化しています。この「アラバスター単位」は国際的に広く認められた「においの単位」ではありませんが、におい成分の成分量の単位であり、臭いの強烈さについて議論をしたいときには参考になるでしょう。できればドリアン、銀杏、スカンクのおなら、ショクダイオオコンニャク（世界一臭いといわれる世界最大の花）などについてもアラバスターを測定してほしいものです。

パスカル秒《びょう》・ポアズ

意味

「粘りけ」の尺度

・超流動状態では、**粘度**が0になる。
・我が社のレトルトパスタソースは**ポアズ**をもう少し大きくした方がよいのではないか。

パスカル秒	物質
10000	ガラス（成形作業の目安の粘度）
200	ねりからし
100	水あめ
50	はちみつ
30	ハンドクリーム
8	マヨネーズ
6	いちごジャム（23°C）
1.8	トマトケチャップ（24°C）
0.9	ガムシロップ、卵黄
0.64	とんかつソース（24°C）
0.5	ヨーグルト
9.0×10^{-2}	オリーブオイル（20°C）
6.5×10^{-2}	日清サラダ油（23.5°C）
3.1×10^{-2}	カルピス（24°C）
1.0×10^{-2}	ビール
1.0×10^{-3}	水（20°C）
1.8×10^{-5}	空気（20°C）
0	ヘリウム（超流動状態）

表X. 様々な物質の粘度（目安）

解説

私たちの身の回りには、マヨネーズやとんかつソース、ジャムのように粘りけ（粘性）のあるものが豊富にあります。これらの**粘りけの度合い**は**粘度**（もしくは**粘性率**、**粘性係数**）と呼ばれており、その単位として「**パスカル秒**」と「**ポアズ**」が広く用いられています。これらの数値が大きいほど粘りけが強く、外部から加えた力によって起こる形状変化の速さがゆっくりになります。ちなみに1パスカル秒が10ポアズに相当します。身の回りにある代表的なものの粘度の目安は表Xのとおりです。この単位を使うことで、今まで比較が難しかった粘りけの度合いを明確にして話を進めることができます。

風力階級《ふうりょくかいきゅう》

意味

「風の強さ」の尺度

・この洗濯ハンガー固定器具を使えば、**風力階級5**であってもハンガーの横すべりや落下が起こりません。

・**風力階級**がいくつ以上になったら、盆栽を家の中に取り込まなければいけないのでしょうか？

解説

天気予報で今日の風速を確認したときに、それが体感としてどのくらいの風の強さなのかを知っておくと、洗濯物をどう干すかなど、その日の予定を立てる際に役に立ちます。

こんなときに便利な尺度が「**ビューフォート風力階級**」です。これは、**風の強さを風速によってランク付けして表現するもの**で、もともとはイギリスの海軍総督フランシス・ビューフォートによって1805年に考案され、その後改良が加えられて風力の世界標準として、世界気象機関に採択されました。

次ページの表Xにビューフォート風力階級と対応する風速、それに伴い陸上の木々や歩行者などが受ける影響を整理しています。

例えば、風力階級3以上になると、物干し竿にかけてある洗濯物が横すべりしたり、落下してしまいます。風力階級8以上になると、屋外で立っているのが困難になります。ただし、この表Xに記載されている風速は開けた平らな地面から10メートルの高さにおける風速を表しており、地上で実際に感じる風速とは若干異なります。

自転車やロードバイクでは、向かい風の風速が4〜6メートルになるあたりからペダルが重たくなります。そして風速が7メートル以上になると自転車での走行が困難になります。また、ディズニーファンの情報によれば、ディズニーランドで風速10メートルの時間帯がずっと続くとショーやパレードが軒並み

風力階級	名称	風速（m/s）	陸上の様子
0	平穏／静穏	0 ～ 0.2	煙はまっすぐ昇る
1	至軽風	0.3 ～ 1.5	煙は風向きが分かる程度にたなびく
2	軽風	1.6 ～ 3.3	顔に風を感じる。木の葉が動き風向計での計測が可能になる
3	軟風	3.4 ～ 5.4	葉っぱが絶えず動いている。軽い旗がはためく
4	和風	5.5 ～ 7.9	砂埃が立ったり、小さなゴミや落ち葉が宙に舞ったりする
5	疾風	8.0 ～ 10.7	小さな木がゆり動く。水面にさざ波が立つ
6	雄風	10.8 ～ 13.8	大きな枝が動き、電線がうなる。傘をさすのが困難になる
7	強風	13.9 ～ 17.1	大きな木の全体が揺れる。風に向かって歩きにくい
8	疾強風	17.2 ～ 20.7	小枝が折れる。風に向かって歩けない
9	大強風	20.8 ～ 24.4	屋根瓦が飛ぶ。人家に被害が出始める
10	全強風／暴風	24.5 ～ 28.4	内陸部では稀。根こそぎ倒される木が出始める。人家に大きな被害が起こる
11	烈風	28.5 ～ 32.6	めったに起こらない。広い範囲の被害を伴う
12	颶風《ぐふう》	32.7 以上	被害が更に甚大になる

表 X. ビューフォート風力階級

キャンセルになるそうです。

天気予報で今日の風速を確認したら、この風速階級表を思い出して、洗濯や外出の予定に賢く反映させてみましょう。

エーカー・ヘクタール

意味

「広さ」の尺度

・近所のイオンモールは8ヘクタールもの広さがある。
・北海道で1万2000エーカーもの土地がすでに外国資本に買収されている。

1ヘクタール＝1万平方メートル

1エーカー≒0.4ヘクタール

≒4047平方メートル

図X. 平方メートル、ヘクタール、エーカーの換算

海外の人から「東京ディズニーランドはどのくらいの広さですか」と聞かれたら、何と答えたらよいのでしょうか。「東京ドーム約○○個分です」と答えても、海外の人にとって東京ドームは身近なものではないことから通じないことがほとんどでしょう。海外の人でなくとも、東京に住んでいない人にとって東京ドームの広さと言われてもピンときません。九州の人は福岡ドームをイメージして、東京ドーム1個分を1・5倍広くイメージしてしまうかもしれません。

東京に住んでいる人以外にも通じる**面積の共通した単位**として、「**平方メートル**」、「**ヘクタール**」などの単位があります。ヘクタールは広い面積を表すのに便利な単位で、1ヘクタールが1万平方メートルに相当します。

一方、米国や英国のようなアングロサクソン諸国では、ポンド／ヤード法による「**エーカー**」という単位が使われています。ちなみに、1エーカーは「雄牛2頭引きの犂《すき》を使って一人が一日に耕せる広さ」で定義されており、おおよそ0・4ヘクタールに相当する広さになります。

施設	平方メートル	ヘクタール	エーカー
サッカー場	7,140	0.7	1.7
日本武道館（建築面積）	8,132	0.8	2
沖縄美ら海水族館（建築面積）	10,258	1.0	2.5
千葉マリンスタジアム（建築面積）	14,938	1.5	3.7
サンリオピューロランド（建築面積）	15,165	1.5	3.7
東京ドーム（建築面積）	46,755	4.7	11.6
大英博物館（建築面積）	56,600	5.7	14.1
福岡ドーム（建築面積）	69,130	6.9	17.1
兼六園	114,436	11.4	28.2
上野動物園	142,000	14.2	35.1
イオンモール幕張新都心（敷地面積）	192,000	19.2	47.4
東京ビッグサイト（敷地面積）	265,752	26.6	65.7
東京ディズニーシー	490,000	49	121.1
東京ディズニーランド	510,000	51	126
ユニバーサル・スタジオ・ジャパン	540,000	54	133.4
長崎ハウステンボス	1,520,000	152	375.6
昭和記念公園	1,800,000	180	444.8
ニューヨーク・セントラルパーク	3,410,000	341	842.6

表 X. 様々な建造物・テーマパークの面積

表Xに有名な建造物やテーマパークなどの広さをそれぞれの単位に換算して整理しています。これらを参考に、様々なものの広さを的確に言い表せるようになると一目置かれるようになるかもしれません。例えば、東京ドームの広さが約4・7ヘクタールであることを覚えておいて、これにかけ算をすることで色々なものの広さを国際的に通用するヘクタールで言い表せるようになるでしょう。

メッツ

意味

身体活動や運動の強度

・それぞれの家事分担がどれだけの負荷なのかを**メッツ**で比較してみよう。

METs	活動
1.0	音楽鑑賞／映画鑑賞／ＴＶ視聴／会話／電話／書き物／読書／乗り物での通勤通学
1.5	入浴／食事／一般的なオフィスワーク（座位）
2.0	料理（立位・座位）／洗濯／服の着替え／シャワー／洗顔／歯磨き／ひげ剃り／化粧／会話を伴った食事／家の中での歩
2.3	アイロンがけ／一般的なオフィスワーク（立位）／洗濯物の片付け
2.5	整理整頓／ストレッチ／料理の準備（歩行あり）／ハタヨガ／皿洗い／ペットの世話／子供と遊ぶ（座位／軽度）／植物の水やり／子供の世話（座位）／ヘアスタイリング

表 X. 身体活動の METs（メッツ）一覧①

解説

座りながら子どもの世話をするのと家の中を掃除機で掃除するのとでは、どちらが大変でしょうか。また、サッカーと水泳では、どちらの方が体に運動負荷がかかるでしょうか。

このような疑問を解決できる便利な単位があります。**運動や身体活動の強度を表す「メッツ」**という単位です。この単位は、安静時（横になったり座って楽にしている状態）と比較して、その運動が何倍のエネルギーを消費するかを数字で表すことで、身体活動の強度を表すものです。

例えば、座りながら子どもの世話をするのは、2.5メッツ、家の中を掃除機で掃除するのは3.5メッツに相当します。また、競技ではない一般的なサッカーは7メッツ、バタフライや速いクロールは11メッツ、平泳ぎは10メッツに相当します。

METs	活動
3.0	看護 / 子供の世話（立位）/ 階段の昇降（軽度）/ 洗車 / 窓ふき / 散歩 / 幼児を抱きかかえての移動 / 花や野菜を摘む / ゴルフ（打ちっ放し）/ ウェイトリフティング（軽度）/ サーフィン / ボーリング / ロックバンドでのギターの演奏 / ダンス（マンボ・チャチャチャ・ワルツ）
3.5	掃除機での掃除 / モップがけ / 柔軟体操 / 荷づくり / 荷物の持ち上げ / 階段の上り下り / トランポリン / 日曜大工 / ウォーキング：93m/ 分（軽度）/ 釣り（川岸で立ちながら）
4.0	草むしり / 風呂磨き / 屋根の雪下ろし / ドラム演奏 / 太極拳 / 高齢者・身体障害者の介護 / 車椅子を押しての移動 / アクアビクス / 水中ウォーキング（軽度）/ 卓球 / バレーボール / 自転車に乗る（16.0km/ 時以下）
4.5	バドミントン / ダンス（フラダンス・ベリーダンス・フラメンコ）
4.8	ダンス（バレエ・ジャズダンス・タップダンス）
5.0	荷物を運ぶ（約 0.5 ～ 6.8kg）/ ソフトボール / 野球 / エアロビックダンス（軽度）
5.5	スポーツジム（一般的な運動）
6.0	荷物を運ぶ（約 7.3 ～ 10.9kg）/ ウェイトリフティング / バスケットボール
6.5	エアロビクス
7.0	ジョギング（一般）/ 競歩 / スイミング（背泳）/ テニス / サッカー / スキー / アイススケート / 山を登る（0 ～ 4.1kg の荷物を背負って）
8.0	ランニング（8.0km/ 時）/ 自転車に乗る（19.3-22.4km/ 時以下）/ 懸垂 / 腕立て伏せ / 腹筋運動 / スイミング（軽度のクロール・横泳ぎ）
9.0	ランニング（8.4km/ 時）/ 荷物を 2 階に運搬
10.0	ランニング（9.7km/ 時）/ ラグビー / 柔道 / 空手 / キックボクシング / スイミング（平泳ぎ）
11.0	ランニング（10.8km/ 時）/ スイミング（バタフライ・速いクロール）
15.0	階段を駆け上がる

表 Y. 身体活動の METs（メッツ）一覧②

これ以外の身体活動についても、表Xに整理しています。家で行える軽い運動（階段の上り下り、荷づくり、荷物の持ち上げ、大工仕事）などは3・5メッツ、スポーツジムでの一般的な運動は5・5メッツ、荷物（4・1kgまで）を背負っての登山、テニス、スキー、ジョギングなどは7メッツに相当します。

メッツで表された活動強度に活動実施時間（時）をかけたものは「メッツ・時」と呼ばれており、運動・活動量の単位として国際的に使われています。厚生労働省の作成している日本のガイドラインでは、18歳～64歳の人の場合、「3メッツ以上の強度の身体活動を週に23メッツ・時」と、同じく「3メッツ以上の運動を週に4メッツ・時」行うことが推奨されています。

国際苦味単位《こくさいにがみたんい》（IBU）

意味

「ビールの苦さ」の尺度

・この地ビールってIBUはどのくらいなの？
・近年、低IBUビールが売り上げを伸ばしています。

$$\text{国際苦味単位（IBU）} = \frac{\text{（ホップ使用量} \times \alpha\text{酸度} \times \text{実際に使用される}\alpha\text{酸の割合）}}{\text{（麦芽汁の体積} \times 1.34\text{）}}$$

図 X. 国際苦味単位（IBU）の計算式

最近、若者の間でビール離れが進んでいるそうです。ビールの持つ独特の苦みがその理由の一つですが、世の中には苦みの少ないビールもあるので、それを飲むことで徐々にビールに慣れることができるかもしれません。逆にこのような苦みがたまらない人はわざと苦みの強いビールを選んで飲みます。

このように様々な**ビールの苦みを表す**のに役立つのが「**国際苦味単位**（**International Bitterness Units**）」という単位で、その英語の頭文字を取って「**ＩＢＵ**」と呼ばれています。この数値を見れば、そのビールがどれくらい苦いのかを、飲む前に大まかに把握する事ができるのです。

ＩＢＵは、ビールの「苦味」を生み出す原材料の一つであるホップに着目して、苦みを数値化します。具体的には、「ホップの使用量」「α酸（ホップの花に含まれているホップの苦味の源）の含有量」「麦芽汁の体積」を図Ｘで示される計算式に入れることで算出します。

一般的に、ＩＢＵの数値が高いほど苦みが強く、数値が低いほど苦みが

IBU	ビール
1000	Mikkeller 1000 IBU Ultramate
150	ハードコア IPA
100	ルイネーション・ダブル IPA
84	ビッグアイ IPA
60	志賀高原ビール IPA
56	インドの青鬼
48	YOKOHAMA XPA
47	ギネスエクストラスタウト
25	サッポロエビス、キリンラガー
23	ハイネケン
21	キリン一番搾り、サッポロ黒ラベル、サントリーモルツ
19	コロナ・エキストラ
16	アサヒスーパードライ
10	バドワイザー

表 X. 代表的なビールの IBU

弱い傾向にありますが、麦芽を多く使っているビールや甘みの強いビールはＩＢＵが高くても数値ほど苦味を感じない場合があります。

表Ｙに一般的に流通しているビールのＩＢＵを整理しています。これを見れば、ビールが苦手な人には、どのビールを勧めれば良いかが一目でわかります。また、日本の大手ビールのＩＢＵがおおよそ20前後であることも見て取れると思います。

ＩＢＵが１０００という異常な数値をたたき出しているビールがありますが、これは苦味を追求して作られた「Mikkeller 1000 IBU Ultramate」というビールです。ビールの苦みが好きな人は一度挑戦してみてはいかがでしょう。

おわりに

いかがだったでしょうか？　日常生活や仕事で応用してみたくなる数学用語との出会いがたくさんあったと思っていただけたら幸いです。

この本を企画した当初には、ここに収められているよりも多くの数学用語を載せる予定でしたが、様々な理由で掲載しないことになりました。このように惜しくも落選した数学用語たちをこの場を借りて、不採用とした理由と併せて一部紹介したいと思います。

◆黄金比

「安定した美感を与える縦横比」のことで、日常生活の様々なもののデザインに応用されているということから紹介する予定でしたが、身の回りの洋書、クレジットカード、はがきなどの縦横比を確かめてみたところ、意外にも黄金比になっておらず、身の回りに溢れている標準的な縦横比とはいえないのではないかと思い、不採用。

◆フィボナッチ数

動物や昆虫の集団で、つがいが子どもを産むことでつがいの数が増えていくときの計算として役に立つものの、個体が死なないことを前提にしています。そのため、現実の生物集団の増え方を算出する際には補正が必要となり、そのままでは適用できないため不採用。

◆切頂二十面体

サッカーボールの形のことを数学では「切頂《せっちょう》二十面体」と呼びますが、わざわざこういう難しい言葉を使わなくとも「サッカーボールの形」と言えば伝わります。本書は、日常用語に相当するものがない数学用語を紹介し、読者の思考を拡張することを目的としていることから不採用。

まだまだ他にも採用を検討し、落選していった数学用語がありますが、紙面の関係上割愛させていただきます。

最後に、本出版企画に目を留めていただいた株式会社彩図社と、数学とは縁の無い人にもわかりやすい本を作るために様々な助言などをいただいた編集者の栩兼さんに心から感謝申し上げます。

平成三十年師走　上原博明

主要参考文献

・『数学辞典』Glenn James、Robert C.James（編）、一松 信、伊藤 雄二（監訳）、朝倉書店、１９９３年
・『マスペディア１０００』リチャード・オクラ・エルウィス（著）、ディスカヴァー・トゥエンティワン、２０１６年
・『わかる&使える　統計学用語』大澤 光（著）、アーク出版、２０１６年
・『統計学図鑑』栗原 伸一、丸山 敦史（共著）、ジーグレイプ（制作）、オーム社、２０１７年
・『少しかしこくなれる単位の話』笠倉出版社（著）、笠倉出版社、２０１５年
・『知っておきたい単位の知識２００』伊藤 幸夫、寒川 陽美（著）、ソフトバンククリエイティブ、２００８年
・『図解・よくわかる 単位の事典』星田 直彦（著）、KADOKAWA、２０１４年
・Flynn, J. R. 2007.「What is intelligence?」Cambridge, U.K. : Cambridge University Press.
・Greenfield, P. M. 2009.「Technology and informal education: What is taught, and what is learned.」Science, 323, 69-71.
・Wicherts et al. 2004.「Are intelligence tests measurement invariant over time? Investigating the nature of the Flynn effect.」Intelligence, 32, 509-37.
・『日本辺境論』内田 樹（著）、新潮社、２００９年
・『皮膚は「心」を持っていた！』山口 創（著）、青春出版社、２０１７年
・「スギ花粉はどこから飛んでくるのか？　～首都圏に影響を及ぼすスギ花粉発生源の特定手法を開発～」金指 達郎、篠原 健司、森林総合研究所研究成果選集２００９、p38-39.
・Seth Stephens-Davidowitz, 2018,「The Songs That Bind」The New York Times（https://www.nytimes.com/2018/02/10/opinion/sunday/favorite-songs.html）
・『歴史は「べき乗則」で動く』マーク・ブキャナン（著）、水谷 淳（訳）、早川書房、２００９年

・「"血糖値スパイク"が危ない～見えた！　糖尿病・心筋梗塞の新対策～」ＮＨＫスペシャル、２０１６年10月８日放送

・Devin Coldewey, 2012,「Improvement On Age-Old Mathematical Principle Could Yield Improved Images」Video, TechCrunch,（https://techcrunch.com/2012/01/18/imprcvement-on-age-old-mathematical-principle-could-yield-improved-images-video/）

・E. Saito, et al.「Association of green tea consumption with mortality due to all causes and major causes of death in a Japanese population: the Japan Public Health Center-based Prospective Study」Ann Epidemiol. 2015 Jul ; 25(7):512-518.

・『誰もが嘘をついている　ビッグデータ分析が暴く人間のヤバい本性』セス・スティーヴンズ＝ダヴィドウィッツ（著）、酒井 泰介（訳）、光文社、２０１８年、p85-86.

・『オタク市場の研究』野村総合研究所オタク市場予測チーム（著）、東洋経済新報社、２００５年

・『フォン・ノイマンの生涯』ノーマン・マクレイ（著）、渡辺 正、芦田 みどり（訳）、朝日新聞社、１９９８年

・『「知」の欺瞞　ポストモダン思想における科学の濫用』アラン・ソーカル、ジャン・ブリクモン（著）、田崎 晴明、大野 克嗣、堀 茂樹（訳）、岩波書店、２０００年

・STEVE LOHR, 2009,「For Today's Graduate, Just One Word: Statistics」The New York Times,（https://www.nytimes.com/2009/08/06/technology/06stats.html）

・首相官邸、官民データ活用推進基本法（https://www.kantei.go.jp/jp/singi/it2/hourei/detakatsuyo_honbun.html）

・「エビデンスに基づく政策形成」に関するエビデンス　RIETI Policy Discussion Paper Series 17-P-008、森川正之（2017）

・United Press International, 1985,「NEAR-SIGHTED LEFTIES HAVE INSIDE TRACK ON GENIUS」CHICAGO TRIBUNE（https://www.chicagotribune.com/news/ct-xpm-1985-04-20-8501230467-story.html）

・The University of Bath, 2007,「Finger length helps predict SAT exam results, study shows」（http://www.bath.ac.uk/news/2007/5/23/fingerlength.html）

双角錐 …… 94
相加平均 …… 42
相関 …… 166
相乗平均 …… 42

た

大域的 …… 116
対偶 …… 52
対称関係 …… 74
対数関数的 …… 22
対称差 …… 64
大数の法則 …… 134
互いに素 …… 66
互いに排反 …… 68
単射 …… 70
短除 …… 46
着手対称ゲーム …… 200
着手非対称ゲーム …… 200
中央値 …… 158
チューリング・パターン …… 120
長除 …… 46
調整平均 …… 156
調和平均 …… 42
直角柱 …… 90
定和ゲーム …… 202
データマイニング …… 178
デシベル …… 226
同語反復 …… 82
同時進行ゲーム …… 198
トートロジー …… 82
トリム平均 …… 156

な

内挿 …… 36
ねじれ角柱 …… 90
ネビッチ …… 220
ノンゼロサムゲーム …… 202

は

背理法 …… 76
パスカル秒 …… 232
非可換 …… 28
非協力ゲーム …… 206
非収束ゲーム …… 210
非推移的 …… 60
非対称関係 …… 74
必要条件 …… 56
非定和ゲーム …… 202
標準偏差 …… 162
標本 …… 130
ファジィ概念 …… 86
風力階級 …… 234
不確定ゲーム …… 194
不完全情報ゲーム …… 190
複合事象 …… 136
不推移的 …… 60
不対称関係 …… 74
フラクタル …… 118
分散 …… 162
平方度 …… 108
べき乗則 …… 38
ヘクタール …… 238
変動係数 …… 162
ポアズ …… 232
母集団 …… 130

ま

マルコフ過程 …… 182
無限ゲーム …… 208
メッツ …… 242

や

有意 …… 140
有限ゲーム …… 208

ら

立体角 …… 108
理論的確率 …… 126
ルーメン …… 222
ルクス …… 222
ロングテール …… 184

索引

あ

ＩＢＵ……246
アラバスター……230
Ｒ（アール）……114
アルゴリズム……48
暗数……138
依存領域……20
一葉双曲面……100
移動平均法……152
入れ子集合族……58
因子分析……174
裏……52
エーカー……238
演繹的……78
円錐……98
円錐台……98

か

下位換算……34
ＧＩＧＯ（ガイゴー）……146
蓋然性……124
外挿……36
ガウス分布……148
可換……28
角距離……106
角錐……94
角錐台……94
確定ゲーム……194
カテナリー曲線……18
完全情報ゲーム……190
ガンマ分布……150
擬角柱……90
幾何平均……42
ＧＩＧＯ（ギゴ、ギーゴ）……146
帰納的……78
逆……52
球状円錐……102
球状楔……102
球面角錐……102
球面弓形……102
狭義の増加・減少……16
共役弧……112
協力ゲーム……206
局所的……116
曲率半径……114
偶然誤差……132
グーゴル……216
クリスプ概念……86
経験的確率……126
系統誤差……132
交互進行ゲーム……198
交絡……170
国際苦味単位……246
根元事象……136
コンター図……26

さ

最大公約数的……32
最頻値……158
算術平均……42
視角……106
実験計画法……142
指数関数的……22
斜円錐……98
斜角錐……94
斜角柱……90
収束ゲーム……210
十分条件……56
循環論法……84
上位換算……34
推移的……60
ステラジアン……108
正規分布……148
ゼロサムゲーム……202
線形的……22
全射……70
全順序集合……62
全単射……70
双円錐……98

【著者略歴】
上原博明（うえはら・ひろあき）
1984年、東京生まれ。
早稲田大学 先進理工学研究科 物理学及応用物理学専攻　修士課程卒業。
現在、省庁に勤務する傍ら執筆活動に従事。

日常会話で使いたい　数学用語事典

2019年3月14日　第一刷

著　者　上原博明

発行人　山田有司

発行所　株式会社　彩図社
東京都豊島区南大塚3-24-4
MTビル　〒170-0005
TEL：03-5985-8213　FAX：03-5985-8224

印刷所　シナノ印刷株式会社

URL：http://www.saiz.co.jp
https://twitter.com/saiz_sha

ISBN978-4-8013-0353-9 C0095